本书为2019年重庆市教育委员会人文社会科学研究项目
"传统优秀家风在新时代大学生奋斗精神培育中的应用研究"
（项目编号：19SKGH255）的最终研究成果
本书为重庆市教育科学"十四五"规划2022年度一般课题
"优秀家风融入大学语文课程思政建设路径研究"
（课题批准号：K22YG306287）的研究成果。

家风与奋斗

JIAFENG YU FENDOU

邹佩佚◎著

重庆大学出版社

内容提要

本书系统化梳理分析中华优秀传统家风家训著作，从中汲取文化力量和民族智慧，明确了立志奋斗的意义、原则和细目，厘清了持续奋斗需要夯实的七个基础条件，总结出奋斗过程中需要掌握的十种方法。旨在通过对中华优秀传统文化的创造性转化和创新性发展，助力新时代奋斗者在新征程中取得新成绩。

本书主要内容包括：奋斗的内涵及价值，奋斗与家风之关系，家风与立志，家风与奋斗基础，家风与奋斗方法。

本书可作为家庭家教家风建设普及读物，也适合高校师生、家风研究者和爱好者阅读及使用。

图书在版编目（CIP）数据

家风与奋斗 / 邹佩佚著 . -- 重庆：重庆大学出版社 , 2023.9
ISBN 978-7-5689-3600-2
Ⅰ . ①家… Ⅱ . ①邹… Ⅲ . ①家庭道德—研究—中国
Ⅳ . ① B823.1

中国版本图书馆 CIP 数据核字（2022）第 223356 号

家风与奋斗
JIAFENG YU FENDOU
邹佩佚 著

责任编辑：文 鹏　版式设计：叶抒扬
责任校对：邹 忌　责任印制：邱 瑶

*

重庆大学出版社出版发行
出版人：饶帮华
社址：重庆市沙坪坝区大学城西路 21 号
邮编：401331
电话：（023）88617190　88617185（中小学）
传真：（023）88617186　88617166
网址：http://www.cqup.com.cn
邮箱：fxk@cqup.com.cn（营销中心）
全国新华书店经销
POD：重庆新生代彩印技术有限公司

*

开本：787mm×1092mm　1/16　印张：9.25　字数：197 千
2023 年 9 月第 1 版　2023 年 9 月第 1 次印刷
ISBN 978-7-5689-3600-2　定价：37.00 元

正家而天下定矣。

——《周易·家人》

所谓治国必先齐其家者，其家不可教而能教人者，无之。故君子不出家而成教于国：孝者，所以事君也；弟者，所以事长也；慈者，所以使众也。《康诰》曰："如保赤子。"心诚求之，虽不中不远矣。未有学养子而后嫁者也！一家仁，一国兴仁；一家让，一国兴让；一人贪戾，一国作乱。其机如此。此谓一言偾事，一人定国。

——《礼记·大学》

子曰："《书》云：'孝乎惟孝，友于兄弟，施于有政。'是亦为政，奚其为为政？"

——《论语·为政》

孟子曰："人有恒言，皆曰：'天下国家。'天下之本在国，国之本在家，家之本在身。"

——《孟子·离娄章句上》

在"家国一体"的文化传统之下，"家国同构"成为中国传承几千年的政治、社会体制经典范式，伴随着中华民族奋斗史和中华文明发展史，逐渐形成了内容广泛、内蕴深刻的中华优秀传统家风文化。作为中华优秀传统文化的重要组成部分，它不仅影响着一代又一代的家庭发展，还在"家国同构"范式下推动着中华民族的进步历程。家庭是社会的基本细胞，中华民族、中国家庭和中华儿女的奋斗，从来没有也不可能离开良好的家风支持。从中华优秀传统家风中深刻理解立志奋斗的意义、原则和细目，夯实不懈奋斗的各项基础条件，汲取持续奋斗的动力和方法，对于当代中华儿女和中国家庭将大有裨益，对于解决好当前部分个人困惑、家庭矛盾和社会问题也将产生积极作用。

中华优秀传统家风主要有两种承载方式：一种是身体力行的行为范式，其内容较易散逸，流传下来的部分主要见于各类记载，往往不成系统体例，如孟母三迁、画荻教子、岳母刺字等；另一种是家书、家训等文本样式，其内容较为完整集中，往往以体系化编著作品的形式在家庭和社会中流传，如《颜氏家训》《袁氏世范》《曾国藩家书》等。本书主要以家书、家训等文本样式作为参考资料，一定程度上兼顾身体力行的行为范式；借鉴吸收《周易》《尚书》《礼记》《道德经》《论语》《孟子》《荀子》《韩非子》《孔子家语》《贞观政要》等中华传统典籍精华，参考《史记》《资治通鉴》《汉书》《后汉书》《三国志》等史料记载；深刻领会《习近平谈治国理政》《习近平关于注重家庭家教家风建设论述摘编》等著作中的重要思想，并结合当代家庭和社会面临的新情况、新问题；力求在中华民族深厚的历史文化底蕴和习近平总书记关于注重家庭家教家风建设的重要论述中，进一步挖掘适合当代个人、家庭和社会砥砺奋斗的家风动能元素，在促进个人发展、涵育当代家庭优秀家风、推动社会和谐进步等方面发挥积极作用，为实现中华民族伟大复兴的中国梦提供奋斗动能和家风保障。

在结构体例方面，本书主要由五大部分组成，即奋斗的内涵及价值、奋斗与家风之关系、家风与立志、家风与奋斗基础、家风与奋斗方法。前两个部分是理论基础，主要解决三大问题：奋斗是什么？奋斗有什么用？奋斗与家风之间有何关系？后三个部分是具体解决方案，通过对中华优秀传统家风的内容梳理、逻辑推演和当代转化，实现如下三个目标：第一，阐明作为奋斗的出发点，立志的意义、原则和具体内容。第二，挖掘中华优秀传统家风中所强调的奋斗基础条件，并提炼夯实奋斗基础的具体方法。第三，总结中华优秀传统家风中呈现的十个经典奋斗方法，并围绕个人、家庭、社会三个层面，主要从修身、治学、和家、处世等四个方面阐释其应用路径。

在参考文献方面，为保证所引资料的权威性、正确性和规范性，本书对所用文献的作者、译注者、点校者、出版社、出版版次等进行了严格甄选，并尽量以脚注方式详尽注释，以减少错讹之处。一是在作者、译注者、点校者方面，尽量择优选取学界公认者；二是在出版社方面，尽可能选取中华书局、上海古籍出版社等权威古典文献出版机构，以及中央文献出版社、外文出版社等权威文献出版机构；三是在出版版次方面，对同一文献尽量选用最新修订版本。同时，针对部分文献注校释家众多的情况，本书择其长者而从之。以《道德经》为例，就有严遵的指归、王弼注、河上公注、黄元吉注等多个版本，还有近当代朱谦之教授、高明教授、楼宇烈教授等所撰的最新研究成果，可谓文采荟萃、精彩纷呈。本书在撰写过程中对各家观点进行研读对比，择其学理优长者从之。

尽管笔者竭尽全力，但限于学力和实践经验，书中仍难免存在学术方面的错讹之处，以及对现实情况的认识偏差，诚望专家学者和广大读者批评指正。

本书受重庆市教育委员会人文社会科学研究项目资助，得到笔者所在单位重庆工业职业技术学院的大力支持，谨致谢忱。同时，在本书写作过程中，我的父亲、母亲、丈夫和儿子给予了我最大的关怀与宽容，没有他们的支持我不可能完成如此艰巨的任务，本书也是献给他们的礼物。

邹佩佚
2022 年夏于重庆工业职业技术学院

目录

第一章 奋斗的内涵及价值

　　《现代汉语词典》(第7版)将"奋斗"阐释为：为了达到一定目的而努力干。[1]这一释义，揭示了奋斗的两个要件，一是奋斗之目的，二是奋斗之过程。目的不明则奋斗无靶向、行动无方向，过程不努力则奋斗难成功、目的难以达。

　　奋斗之目的在何？一为独立存在于客观世界，乃生存之所需；二为达成精神层面之追求，乃文明之所需；三为实现和谐大同之境界，乃天道之所需。由此推演之，则奋斗之范围，绝非囿于一人、一家、一国，也非止步于一民族、一物种、一世界，而是自然规律恒久不息之运转，宇宙万事万物生生不息之演化。唯物辩证法之运动永恒论，揭示出宇宙无穷变化之根源。永恒运动来源于矛盾之发展。矛盾的发展过程，正是奋斗不息之过程，无穷主体出于无穷目的之奋斗相交集，产生出无穷之矛盾；无穷之矛盾，生发无穷运动之力，进而推动宇宙无穷运动演化，并在更高层面出现新的奋斗交集，衍生新的矛盾，生发新的运动之力，推动新的无穷运动演化，循环往复，无所止息，唯物辩证之天道明矣。

　　奋斗之过程如何？早在先秦时期，中华民族就已深深刻下"天行健，君子以自强不息"[2]的奋斗基因，无论朝代如何更迭、世界如何变幻，中华民族的奋斗基因血脉长存，奋斗之路从未停息，创造出强汉盛唐的盛世风华，铭刻出唐诗宋词的精玉文化，使中华民族昂扬屹立东方五千年，中华文明持续影响世界至今日。然而近代以来，中华民族的奋斗之路遭遇挫折，国弱民穷文明衰，列强侵凌掠夺无厌，是以龚自珍发出"九州生气恃风雷，万马齐暗究可哀。我劝天公重抖擞，不拘一格降人材"的悲痛之呼。但是，中华民族的奋斗基因从未消弭，潜藏于血脉之中的呼唤，激发起中华儿女实现中华民族伟大复兴中国梦的奋斗意识，无数仁人志士为此抛头颅、洒热血，前仆后继，虽九死其犹未悔。是以孙中山说"奋斗这一件事是自有人类以来天天不息的"，李大钊呼"青年之文明，奋斗之文明也，与境遇奋斗，与时代奋斗，与经验奋斗"，毛泽东讲"一万年以后，也要

1　中国社会科学院语言研究所词典编辑室编.现代汉语词典（第7版）［M］.北京：商务印书馆，2016：386.
2　杨天才，张善文译注.周易［M］.北京：中华书局，2011：8.

奋斗"[1]，习近平提出"人民对美好生活的向往，就是我们的奋斗目标"[2]"幸福都是奋斗出来的""新时代是奋斗者的时代"。[3]中华民族的奋斗史，揭示出奋斗过程的两个特点：一是奋斗过程不会轻而易举，必然要有艰辛努力。党的十九大报告指出："中华民族伟大复兴，绝不是轻轻松松、敲锣打鼓就能实现的。"[4]因此，能否做好吃苦准备，逢山开路、遇水搭桥，坚持向奋斗目标不懈进发，永不懈怠，是检验奋斗者恒心和能力的试金石。二是奋斗过程不会一帆风顺，必然会有牺牲和坎坷。面对牺牲和坎坷，是持"前车之覆轨，后车之明鉴"的明哲保身之道望而却步，还是以"为有牺牲多壮志，敢教日月换新天"的壮志豪情继志前行。所谓"剑之锷，砥之而光；人之名，砥之而扬"[5]，牺牲坎坷正是砥砺奋斗者决心和意志的磨刀石。

奋斗对于个人、组织、民族、人类共同体均有重大价值。个人层面，要独立生存于社会，实现个人之发展，保障人身、人格、精神之自由，达成人生理想目标，需要为之奋斗终生，无奋斗则无独立、自由、理想之人生。组织层面，无论是政党、国家、团体或家庭，要达成组织共同理想，实现组织愿景目标，推动组织持续健康发展，必须团结凝聚全体成员共同奋斗，无共同奋斗之目标，则组织无凝聚力，无共同奋斗之过程，则组织无战斗力。民族层面，从通俗意义上讲，民族是"人们在历史上形成的有共同语言、共同地域、共同经济生活以及表现在共同文化上的共同心理素质的稳定的共同体"[6]。可见，语言、地域、经济、文化上的历史共同性，构成了民族的核心底蕴，这种底蕴来自历史。一部民族发展史必然也是一部民族奋斗史，只有在一定地域上共同奋斗的人们，在长期的奋斗历程中不断相识、相知、相融，构造出共同的语言、经济、文化形态，才可能形成具有共同历史渊源和理想目标的统一民族精神，若民族不再奋斗，则民族精神失其动力来源，民族精神殿堂轰然倒塌之时，民族也将不复存在，这从那些在历史长河中无声消逝的古老民族发展史中可以得到明证。人类共同体层面，从人类诞生那一天起，人类就是一个命运共同体，无论个体、组织、民族之间有何分歧、

1　赵惠锁.谈奋斗精神［J］.思想政治课教学，2013(6):7-8.
2　习近平著.习近平谈治国理政（第1卷）［M］.北京：外文出版社，2018：4.
3　习近平.在2018年春节团拜会上的讲话［N］.人民日报，2018-02-15(2).
4　吴正裕主编.毛泽东诗词全编鉴赏（增订本）［M］.北京：人民文学出版社，2017：216.
5　诸葛亮，范仲淹著，余进江选编译注.历代家训名篇译注［M］.上海：上海古籍出版社，2020：176.
6　斯大林著.中共中央马克思恩格斯列宁斯大林著作编译局编.斯大林选集（上卷）［M］.北京：人民出版社，1979：64.

斗争甚至残杀，也无法改变人类需要共同面对物质世界和浩瀚宇宙这一事实。在自然规律和客观世界中，人永远是同一种属概念，生老病死、七情六欲、自然灾害绝不会因人而异。因此，人类共同体在有意无意中铺开了延续至今的共同奋斗画卷，基因进化、科技发展、文化进步都在共同奋斗中产生；人类对自然规律的认识、对客观世界的改造、对自我意识的觉醒，都是在共同奋斗中不断发展进步，没有从个人、组织、民族层面汇聚起来的人类共同体奋斗之力，人类的生存和发展必然面临严峻挑战甚至灭顶之灾。

第二章　奋斗与家风之关系

从奋斗的逻辑层次来看，人类共同体的奋斗基于民族、组织、个人之奋斗，民族之奋斗基于组织、个人之奋斗，而组织之奋斗则基于个人之奋斗。因此，个人奋斗是组织、民族、人类共同体奋斗之基石，没有千千万万个个体的不懈奋斗，就不会有组织、民族、人类共同体的辉煌奋斗成就。但是，从人类社会形成家庭以来，个人奋斗就与家庭密不可分，"家庭是社会的基本细胞，是人生的第一所学校"[1]，"家庭是孩子的第一个课堂，父母是孩子的第一个老师"[2]。个人的奋斗目标，都是在家庭中培育萌发，在家庭的共同奋斗中逐渐升华；个人的奋斗历程，都是从家庭中起步，并长期在家庭的影响下发展。而家庭对个人的影响，除了血脉传承之外，最重要的就是家风。

何谓家风？家风也称"门风""父风"，是一个家庭或家族在世代繁衍发展的过程中，逐步形成的传统习惯、生活方式、行为准则与处世之道的综合体，主要内容是其独特而稳定的思想观念和情操、作风。家风是一个家庭核心精神的集中体现，也是影响每一个家庭成员奋斗目标和奋斗历程的重要因素。"家风好，就能家道兴盛、和顺美满；家风差，难免殃及子孙、贻害社会，正所谓'积善之家，必有余庆；积不善之家，必有余殃'。"[3]缺乏好的家风环境，个人的奋斗目标就可能偏离正确方向，个人的奋斗历程就可能输在起跑线上。因此，在优秀家风中汲取营养，明确奋斗目标，在优秀家风中积蓄力量，推动奋斗历程，是奋斗者应当上好的人生第一课。

中华民族在悠久的文明发展史中，形成了丰富的中华优秀传统家风文化。从《诗经》文王篇中"无念尔祖，聿修厥德。永言配命，自求多福"[4]到《尚书》无逸篇中周公告诫成王"君子所其无逸"[5]；从汉高祖刘邦的《手敕太子书》、唐太宗李世民的《帝范》，到清圣祖爱新觉罗·玄烨的《庭训格言》；从三国诸

1　习近平.在2015年春节团拜会上的讲话［N］.人民日报，2015-02-18(2).
2　习近平著.习近平谈治国理政（第1卷）［M］.北京：外文出版社，2018：184.
3　习近平著.论党的宣传思想工作［M］.北京：中央文献出版社，2020：283.
4　王秀梅译注.诗经（下）［M］.北京：中华书局，2015：580.
5　屈万里著.尚书集释［M］.上海：中西书局，2014：201.

葛亮的《诫子书》、南北朝颜之推的《颜氏家训》、唐代柳玭的《戒子弟书》、北宋司马光的《温公家范》、南宋袁采的《袁氏世范》、明代方孝孺的《家人箴》，到清代张英、张廷玉父子的《聪训斋语》和《澄怀园语》、曾国藩的《曾国藩家书》；从晋代陶渊明的《与子俨等疏》、宋代陆九韶的《居家正本》、明代高攀龙的《家训二十一条》，到清代朱柏庐的《治家格言》；从东汉班昭的《女诫》、唐代宋若莘的《女论语》、明成祖徐皇后的《内训》，到明末王相母的《女范捷录》，构建起囊括帝王、官宦、士人家庭的中华优秀传统家训家风体系，并形成了有特色的妇女家训家风著作。近代以来，毛泽东、朱德、周恩来、刘少奇等老一辈无产阶级革命家和焦裕禄、杨善洲、谷文昌等优秀共产党人，带头抓好家风建设，形成了红色革命家风，为新时代优秀家风建设做出了榜样和表率。

新时代的奋斗者，应当从中华优秀传统家风和红色革命家风中汲取营养和力量，为把好奋斗方向、走好奋斗之路奠定坚实基础。

☙第三章　家风与立志☙

《大学》有言："身修而后家齐，家齐而后国治，国治而后天下平。自天子以至于庶人，一是皆以修身为本。"[1]这正是中华优秀传统文化中"修齐治平"的人生奋斗逻辑与理想格局。齐家、治国、平天下皆以修身为本，而修身之要旨，首在立志。不立志则不知为何修身，亦不知修何种身、如何修身，自然也难以达成齐家、治国、平天下的人生理想。因此，奋斗者首先就应立志，在中华优秀传统家风中，对立志的意义、立志的原则和立志的细目都有着丰富的阐释。

第一节　立志的意义

一、立志为心有定向之源

陆九渊认为："道非难知，亦非难行，患人无志耳。"[2]孔子曰："苟志于仁，无恶也。"[3]孟子曰："周于利者凶年不能杀，周于德者邪世不能乱。"[4]立志于德行修养而道德高尚之人，不仅没有坏处，而且即使身处乱世也不会迷惑方向。《韩诗外传》云："夫学者非为通也。为穷而不困，忧而志不衰，先知祸福之终始，而心无惑焉。"[5]真正立志于学之人，并非为求通达于权贵，而是为贫穷时不觉困厄，忧愁时志向不衰减，因为已经预知祸福的缘由与规律，所以内心始终不会迷惑。正如孔子在陈绝粮，跟随的人都因饥饿生病而爬不起来时，面对子路"君子亦有穷乎"的质问，孔子坦然回答"君子固穷，小人穷斯滥也"[6]。正是有着坚定的志向，君子才可能在贫穷中坚持有所为，有所不为，而无志小人一旦陷于穷困，就会肆无忌惮，无所不为。曾国藩在家书中告诫家乡的兄弟，要立志于学，深刻理解"则通一艺即通众艺，通于艺即通于道，初不分而二之也"的道理，"此论虽太高，

1　朱熹撰.四书章句集注［M］.北京：中华书局，2012：4.
2　诸葛亮，范仲淹著.余进江选编译注.历代家训名篇译注［M］.上海：上海古籍出版社，2020：238.
3　杨伯峻译注.论语译注（简体字本）［M］.北京：中华书局，2017：49.
4　杨伯峻译注.孟子译注［M］.北京：中华书局，2010：303.
5　韩婴撰.许维遹校释.韩诗外传集释［M］.北京：中华书局，1980：245.
6　杨伯峻译注.论语译注（简体字本）［M］.北京：中华书局，2017：228.

然不能不为诸弟言之。使知大本大原，则心有定向，而不至于摇摇无着。"[1] 立志于通一艺，则通众艺，进而通于大道，知道了大原则和大方向，那么无论面临何种环境和事件，都能心有定向，不会摇摆不定，迷失方向。

二、立志为成就人生之基

王阳明认为："夫学，莫先于立志。志之不立，犹不种其根而徒事培拥灌溉，劳苦无成矣。世之所以因循苟且，随俗习非，而卒归于污下者，凡以志之弗立也。"[2] 曾国藩在家书中勉励侄子曾纪瑞："凡将相无种，圣贤豪杰亦无种，只要人肯立志，都可做得到的。侄等处最顺之境，当最富之年，明年又从最贤之师，但须立定志向，何事不可成？何人不可作？愿吾侄早勉之也。"[3] 一切人生理想，都从肯立志开始。肯立志，越王勾践卧薪尝胆，三千越甲可吞吴；肯立志，成卒陈胜高呼"王侯将相，宁有种乎！"[4] 成为反抗暴秦起义的先驱；肯立志，泗水亭长刘邦嗟叹"大丈夫当如此也！"[5]，最终开创汉朝盛世基业。在给兄弟的家书中，曾国藩总结出"从古帝王将相，无人不由自立自强做出。即为圣贤者亦各有自立自强之道，故能独立不惧、确乎不拔"[6] 的历史规律，在成功者的奋斗史中，从来就没有不立志而取得成功的先例。傅山认为："仕本凭一'志'字，志不得行，身随以苟。"[7] 出仕做官本来就是凭借一个志向，如果志向得不到施行，那么就会苟且行事，苟且行事则必然难以获得真正的成功。即使不求仕途通达、功成名就，立志也是奋斗者无忝所生的前提。在曾国藩看来，"凡富贵功名，皆有命定，半由人力，半由天事；惟学作圣贤，全由自己作主，不与天命相干涉。"[8] 因此其"有志学为圣贤"，并且有意识地向子孙传递和培养这种志向。在给儿子曾纪泽的家书中，曾国藩谆谆告诫："尔既无志于科名禄位，但能多读古书，时时哦诗作字，以陶写性情，则一生受用不尽。第宜束身圭璧，法王羲之、陶渊明之襟韵潇洒则可，法嵇、阮之放荡名教则不可耳。"[9] 即便不求功名利禄，也要立志勤学修身，并且要洁身自好，效法高洁之士，不可误入邪路，否则上辱祖先父母，中辱自身，

1　檀作文译注.曾国藩家书（上）［M］.北京：中华书局，2017：251.
2　王阳明著、陈柳，林锋选编、译注.王阳明家训译注［M］.上海：上海古籍出版社，2019：50.
3　檀作文译注.曾国藩家训［M］.北京：中华书局，2020：303.
4　班固撰．颜师古注.汉书（第七册）［M］.北京：中华书局，1962：1787.
5　班固撰．颜师古注.汉书（第一册）［M］.北京：中华书局，1962：3.
6　檀作文译注.曾国藩家书（下）［M］.北京：中华书局，2017：1485.
7　诸葛亮、范仲淹著．余进江选编译注.历代家训名篇译注［M］.上海：上海古籍出版社，2020：283.
8　檀作文译注.曾国藩家训［M］.北京：中华书局，2020：11.
9　檀作文译注.曾国藩家训［M］.北京：中华书局，2020：230.

下则贻害子孙。诸葛亮告诫儿子"非学无以广才，非志无以成学"[1]，要获得广博的才能，拥有辉煌的人生，就必须学习，而学习要取得成就，就必须立定志向。

三、立志有开阔胸襟之用

曾国藩认为："自古圣贤豪杰、文人才士，其志事不同，而其豁达光明之胸襟，大略相同。"[2]虽然立志的方向有所不同，但因为肯立志、有志向，圣贤豪杰、文人才士就具备了一个共同的特征，那便是"豁达光明之胸襟"。这种胸襟对奋斗者而言有莫大好处，颜延之在《庭诰文》中做了精辟的阐释，"谚曰：'富则盛，贫则病矣。'贫之病也，不唯形色粗厉，或亦神心沮废；岂但交友疏弃，必有家人诮让。非廉深识远者，何能不移其植。故欲躅忧患，莫若怀古。怀古之志，当自同古人，见通则忧浅，意远则怨浮，昔有琴歌于编蓬之中者，用此道也。"[3]奋斗者厄于贫苦时，不仅神色衰败、心情沮丧，而且可能面临朋友、家人的疏远、讥讽，唯有远怀古人之志，坚定自我之志向，以豁达之胸襟面对一切，方能去除忧苦与祸患。在奋斗过程中，奋斗者也应当培养自己的开阔胸襟，使其与立志相辅相成，曾国藩将篆刻有"劳谦君子"的印章赠与九弟曾国荃，告诫其"而治事之外，此中却须有一段豁达冲融气象。二者并进，则勤劳而以恬淡出之，最有意味"[4]，立志奋斗过程中，在辛苦勤勉做事之外，融入豁达冲融气象，才是奋斗者的最佳姿态。

四、立志有济世化俗之功

明代陈继儒在《安得长者言》中提出："士君子尽心利济，使海内人少他不得，则天亦自然少他不得，即此便是立命。"士人君子以兼济天下为志，既穷尽心力以利民济世，则自然得世人拥护，受天道庇佑，形成我为天下人，天下人为我的良性互动格局，并在此格局中完成治国、平天下的济世理想。孔子认为，家风可以影响政风，个人立志可有化俗之功，是以在被人问及"子奚不为政？"时，孔子的回答是"《书》云：'孝乎惟孝，友于兄弟，施于有政。'是亦为政，奚其为为政？"[5]孝悌之义影响到政治，就是一种参与政治的方式，并非一定要做官才叫做参与政治。颜之推则认为，人之立志不仅影响自身，还会影响世俗风气和子孙后代，当有人提出"夫神灭形消，遗声余价，亦犹蝉壳蛇皮，兽迒鸟迹耳，

1　诸葛亮，范仲淹著．余进江选编译注．历代家训名篇译注［M］．上海：上海古籍出版社，2020：32.
2　檀作文译注．曾国藩家书（下）［M］．北京：中华书局，2017：1708.
3　诸葛亮，范仲淹著．余进江选编译注．历代家训名篇译注［M］．上海：上海古籍出版社，2020：106.
4　檀作文译注．曾国藩家书（下）［M］．北京：中华书局，2017：1709.
5　杨伯峻译注．论语译注（简体字本）［M］．北京：中华书局，2017：27.

何预于死者，而圣人以为名教乎？"的疑问时，颜之推对曰："劝也。劝其立名，则获其实。且劝一伯夷，而千万人立清风矣；劝一季札，而千万人立仁风矣；劝一柳下惠，而千万人立贞风矣；劝一史鱼，而千万人立直风矣。"[1]认为圣人褒扬先贤之志气名声，是为了勉励世人要树立名誉，进而得到敦化风俗的实效，这种影响是树立一个榜样，唤起千万人效仿觉醒的化俗大功；他进一步指出，"抑又论之，祖考之嘉名美誉，亦子孙之冕服墙宇也，自古及今，获其庇荫者亦众矣。夫修善立名者，亦犹筑室树果，生则获其利，死则遗其泽。"[2]从家族长远发展的角度来看，先人立志奋斗得来的好名声，必然荫庇后世子孙，先人在世时获得灵魂与美名一同升华的利益，死后还能产生泽被后世的积极影响，又何乐而不为呢？但是风化的施行有一定的规律，颜之推将其总结为"夫风化，自上而行于下者也，自先而施于后者也。是以父不慈则子不孝，兄不友则弟不恭，夫不义则妇不顺矣。"[3]只有上位者、先行者立志有为，才能影响至下位者、后来者，产生积极的淳风化俗效应。曾国藩作为晚清重臣，时刻牢记济世化俗之责，在给儿子曾纪泽的家书中，他针对家乡（湖南湘乡）农民种菜不得其法的问题，根据其在军营的种菜实践心得，认为"四川菜园极大，沟浍终岁引水长流，颇得古人井田遗法"，要求曾纪泽"省雇园丁来家，宜废田一二丘，用为菜园"，并详细交代菜园的沟渠设计，必须"大小横直，有沟有浍，下雨则水有所归，不使积潦伤菜"，以达到"我家开此风气，将来荒山旷土，尽可开垦种百谷杂蔬之类"的移风易俗功效。同时，还交代儿子种植茶叶这一经济作物，提出"吾乡无人试行，吾家若有山地，可试种之"[4]的要求，立志为家乡农业和经济发展做先行先试之举，以实现移风易俗、济世利民的乡贤理想。

第二节　立志的原则

立志有真假、高下、早迟、恒短之分，奋斗者的立志要真、要高、要早、要有恒，这就是立志的原则和标准。

1　檀作文译注.颜氏家训［M］.北京：中华书局，2011：175.
2　檀作文译注.颜氏家训［M］.北京：中华书局，2011：176.
3　檀作文译注.颜氏家训［M］.北京：中华书局，2011：34.
4　檀作文译注.曾国藩家训［M］.北京：中华书局，2020：170-171.

一、立志要真

颜之推以学习为例，深刻阐释了立志要真的原则。他提出学者应当树立"夫学者所以求益耳"的志向，告诫那些"读数十卷书，便自高大，凌忽长者，轻慢同列"的立志不真者，"如此以学自损，不如无学也"[1]。如果没有真正树立"学以求益"的志向，只是为了炫耀学问而学习，那么还不如不学。经过对比古今学者为人为己的志向，颜之推指出"古之学者为己，以补不足；今之学者为人，但能说之也。古之学者为人，行道以利世也；今之学者为己，修身以求进也。"[2]的巨大差异，古人学习之志更真，为己是补修身之不足，为人则行道以利世，今人学习之志则不真，为己是出于"习成文武艺，货与帝王家"的功利考虑，为人则是为了夸夸其谈的炫耀，并无经世济民之远思。曾国藩在家书中，对四弟曾国潢执意外出找学堂读书的想法，进行了详细分析和批驳，指出"且苟能发奋自立，则家塾可读书，即旷野之地、热闹之场，亦可读书，负薪牧豕，皆可读书。苟不能发奋自立，则家塾不宜读书，即清净之乡、神仙之境，皆不能读书。何必择地，何必择时，但自问立志之真不真耳"[3]，一针见血地点明曾国潢读书之志不真的问题。若立志真，处处皆可读书，立志不真，则人间便无可供读书之处，这对树立其他志向何尝不是一种启发呢？

二、立志要高

诸葛亮在《诫外甥书》中提出了"志当存高远"的立志原则，认为"夫志当存高远，慕先贤，绝情欲，弃疑滞，使庶几之志，揭然有所存，恻然有所感"[4]，要求家族子弟以先贤为榜样，节制情欲，抛弃疑惑阻滞之念，使成为贤才的志向，昭然若揭，恻然有感。王永彬在《围炉夜话》中提出："志不可不高，志不高，则同流合污，无足有为矣。"[5]告诫世人只有立高远之志，才不会随波逐流，才能有所成就。

那么什么样的立志才能称之为高远呢？曾国藩给出了堪称经典的答案，他认为："君子之立志也，有民胞物与之量，有内圣外王之业，而后不忝于父母之所生，不愧为天地之完人。"[6]

1　檀作文译注.颜氏家训［M］.北京：中华书局，2011：106.
2　檀作文译注.颜氏家训［M］.北京：中华书局，2011：106.
3　檀作文译注.曾国藩家书（上）［M］.北京：中华书局，2017：121.
4　诸葛亮，范仲淹著.余进江选编译注.历代家训名篇译注［M］.上海：上海古籍出版社，2020：34.
5　张德建译注.围炉夜话［M］.北京：中华书局，2016：42.
6　檀作文译注.曾国藩家书（上）［M］.北京：中华书局，2017：122.

何为"民胞物与之量"？"民胞物与"是对北宋张载"民吾同胞，物吾与也"思想的提炼浓缩，意即世人皆为我同胞，万物俱是我同类。曾国藩对张载"民胞物与"思想给予极高评价，认为"后世论求仁者，莫精于张子之《西铭》。彼其视民胞物与，宏济群伦，皆事天者性分当然之事。必如此，乃可谓之人；不如此，则曰悖德、曰贼。诚如其说，则虽尽立天下之人，尽达天下之人，而曾无善劳之足言，人有不悦而归之者乎？"[1]"民胞物与"思想可追溯至孟子的"亲亲、仁民、爱物"观念，孟子曰："君子之于物也，爱之而弗仁；于民也，仁之而弗亲。亲亲而仁民，仁民而爱物。"[2]在孟子的观念中，仁爱是有差等的，亲亲而仁民，仁民而爱物的次序不可颠倒，爱亲者才能仁民，仁民者方可爱物。但张载将这种差等化的仁爱观念均齐化一，将世人万物均作为第一等的仁爱对象，难怪乎曾国藩要感叹："必如此，乃可谓之人；不如此，则曰悖德、曰贼。"因为这与孔子惊叹"何事于仁！必也圣乎！尧舜其犹病诸！"[3]的"博施于民而能济众"的圣人境界已经高度同质化。曾国藩在家书中多次体现出"仁爱"甚至"民胞物与"精神，他感叹于"乡间之谷贵至三千五百，此亘古未有者，小民何以聊生？"[4]的社会现实，请诸弟支持其行"义田"之举，"吾自入官以来，即思为曾氏置一义田，以赡救孟学公以下贫民；为本境置义田，以赡救廿四都贫民。""然予之定计，苟仕宦所入，每年除供奉堂上甘旨外，或稍有赢余，吾断不肯买一亩田、积一文钱，必皆留为义田之用。此我之定计，望诸弟皆体谅之。"[5]即使在与太平军战斗期间，曾国藩也不忘行"仁爱"之志，他在给九弟曾国荃的家书中说："若绅民中实在流离困苦者，亦可随便周济。兄往日在营艰窘异常，初不能放手作一事，至今追憾。弟若有宜周济之处，水师粮台尚可解银二千前往。应酬亦须放手，办在绅士百姓身上，尤宜放手也。"[6]他要求曾国荃救济所在地方困苦绅民，对自己往日因经济窘迫，不能放手去做有益于当地民众之事而倍感遗憾，并全力支持曾国荃为绅士百姓放手办实事。

何为"内圣外王之业"？《庄子·天下》曰："是故内圣外王之道，闇而不明，郁而不发，天下之人各为其所欲焉以自为方。"[7]在历史上首次提出了"内圣外王"

1　檀作文译注．颜氏家训［M］．北京：中华书局，2011：479．
2　杨伯峻译注．孟子译注［M］．北京：中华书局，2010：298．
3　杨伯峻译注．论语译注（简体字本）［M］．北京：中华书局，2017：93．
4　檀作文译注．曾国藩家书（上）［M］．北京：中华书局，2017：575．
5　檀作文译注．曾国藩家书（上）［M］．北京：中华书局，2017：576．
6　檀作文译注．曾国藩家书（中）［M］．北京：中华书局，2017：1011．
7　陈鼓应译注．庄子今注今译（最新修订重排本·下）［M］．北京：中华书局，2009：909．

理想，此后这一崇高志向便成为历代中华知识分子的不懈追求。梁启超将"内圣外王"的内涵解释为"内足以资修养而外足以经世"。是以曾国藩在家书中，特别指出六弟曾国华不应以乡试不利而忧虑甚至怨天尤人，直言不讳地"窃笑其志之小而所忧之不大"，认为君子之忧应当是"以不如舜、不如周公为忧也，以德不修、学不讲为忧也。是故顽民梗化，则忧之；蛮夷猾夏，则忧之；小人在位、贤人否闭，则忧之；匹夫匹妇不被己泽，则忧之。所谓悲天命而悯人穷，此君子之所忧也"。而"若夫一体之屈伸、一家之饥饱，世俗之荣辱得失、贵贱毁誉，君子固不暇忧及此也"[1]。这与孟子的思想高度一致，孟子认为："是故君子有终身之忧，无一朝之患也。乃若所忧则有之：舜，人也；我，亦人也。舜为法于天下，可传于后世，我由未免为乡人也，是则可忧也。忧之如何？如舜而已矣。"[2]同样为人，我与舜的道德功业相差天地悬殊，难以避免平庸一生，这是应当终身感到忧虑之事，忧虑了怎么办，只有行动起来努力向舜学习效仿，相比之下，对于飞来横祸，君子倒不觉得是应当长久忧虑之事。但"内圣外王之业"的理想毕竟是最高立志标准，并非人人均可达到，在时有不济、力有不逮之时，应当如何去做呢？司马德操要求儿子"勿以薄而志不壮，贫而行不高也"[3]。曾国藩的底线要求是"做读书明理之君子"，这种君子的标志是"勤俭自持，习劳习苦，可以处乐，可以处约"[4]"不在科名之有无，第一则孝弟为瑞，其次则文章不朽"[5]。

立高远之志，还须跳出为求高远之名而害高远之实的误区。恰如曾国藩评价四弟曾国潢之诗："命意之高，须要透过一层。如说考试，则须说科名是身外物，不足介怀，则诗意高矣。若说必以得科名为荣，则意浅矣。举此一端，除可类推。"[6]立志也一样，若执着于立高远之志的名，恐有害于行高远之志的实，应以实至而名归，不可求名而害实。何为实？孟子曰："仁之实，事亲是也；义之实，从兄是也；智之实，知斯二者弗去是也；礼之实，节文斯二者是也；乐之实，乐斯二者，乐则生矣；生则恶可已也，恶可已，则不知足之蹈之手之舞之。"[7]概而言之，孟子认为孝悌是仁义之实，人能够坚持孝悌，用礼来修饰调节孝悌之行，并从孝悌中获得快乐，那么就是仁义之人，也就践行了仁义的实质。颜之推在《颜氏家

1　檀作文译注．曾国藩家书（上）［M］．北京：中华书局，2017：122.
2　杨伯峻译注．孟子译注［M］．北京：中华书局，2010：182.
3　诸葛亮，范仲淹著．余进江选编译注．历代家训名篇译注［M］．上海：上海古籍出版社，2020：30.
4　檀作文译注．颜氏家训［M］．北京：中华书局，2011：10.
5　檀作文译注．曾国藩家书（上）［M］．北京：中华书局，2017：270.
6　檀作文译注．曾国藩家书（上）［M］．北京：中华书局，2017：313.
7　杨伯峻译注．孟子译注［M］．北京：中华书局，2010：167.

训》中所举"巴豆孝子"的故事，就是为求孝之名而害孝之实的典型事例：

近有大贵，以孝著声，前后居丧，哀毁逾制，亦足以高于人矣。而尝于苫块之中，以巴豆涂脸，遂使成疮，表哭泣之过。左右僮竖，不能掩之，益使外人谓其居处饮食，皆为不信。[1]

所谓"身体发肤，受之父母，不敢毁伤，孝之始也"[2]，孝本自内心的真情流露，为求孝之高名而作伪，不仅有损于个人名声，而且"以巴豆涂脸，遂使成疮"的自伤身体行为也恰恰违反了孝道之义，为孝道所不容。推而广之，一切立志均求其实质，实质到了而形式不到无损于根本，而为求形式放弃实质，就会让立志成为无本之木、无源之水，更不可能成就真正的高远之志。

三、立志要早

颜之推在《颜氏家训》教子篇中，特别强调胎教、早教，尊奉"少成若天性，习惯如自然""教妇初来，教儿婴孩"为至理名言，要求"当及婴稚，识人颜色，知人喜怒，便加教诲，使为则为，使止则止。比及数岁，可省答罚"。如果不早加教诲，将导致"骄慢已习，方复制之，捶挞至死而无威，忿怒日隆而增怨，逮于成长，终为败德"[3]的严重后果，并举王僧辩因母教严明而成名，琅琊王高俨因父母宠溺而幽薨等实例，告诫为人父母者必须以严明之家教为孩子早立规矩，为子女从小培育正确的志向萌芽。

梁元帝萧绎身为帝王之子，年方十二，便已立苦学之志。其自述曰："时又患疥，手不得拳，膝不得屈。闲斋张葛帱避蝇独坐，银瓯贮山阴甜酒，时复进之，以自宽痛。率意自读史书，一日二十卷，既未师受，或不识一字，或不解一语，要自重之，不知厌倦。"[4]以贵胄之身份，尚且知道早立志，在身患疾病、懵懂无知的情况下，仍然坚持养成持之以恒的学习习惯，作为普通人，若尚不知早立志，则将如颜真卿《劝学》所言："三更灯火五更鸡，正是男儿读书时。黑发不知勤学早，白首方悔读书迟。"奋斗之路必将难以走得更快、行得更远，最终追悔莫及、悔恨终生。

四、立志有恒

曾国藩平生最以为喜的是有恒，最以为耻的是无恒。他在《立志箴》中表明

1　檀作文译注.颜氏家训 [M].北京：中华书局，2011：171.
2　胡平生译注.孝经译注 [M].北京：中华书局，1996：1.
3　檀作文译注.颜氏家训 [M].北京：中华书局，2011：7-8.
4　檀作文译注.颜氏家训 [M].北京：中华书局，2011：121.

立志的恒心："荷道以躬，舆之以言。一息尚活，永矢弗谖。"[1] 只要有一息尚存，就永远牢记立志的誓言，永不违背。道光二十二年（1842 年）十二月二十日，曾国藩在给弟弟们的家书中，将坚持"记《茶余偶谈》、读史十叶、写日记楷本"三事立为终身不间断之事，并对自己立志永戒吃水烟后，已坚持两月不吃水烟的成果颇为满意。[2] 道光二十四年（1844 年）十二月十八日的家书中，曾国藩认为自己"余他无可取，惟近来日日有恒，可为诸弟倡率"，并且勉励四弟、六弟要有恒，"四弟、六弟纵不欲以有恒自立，独不怕坏季弟之样子乎？"[3] 在道光二十五年（1845 年）二月初一日的家书中，又再次向弟弟们表明自己的期望，"余所望于诸弟者，如是而已，然总不出乎'立志''有恒'四字之外也。"[4] 在给儿子的家书中，曾国藩告诫两个儿子，想求改变骨相的方法，"总须先立坚卓之志"，并以自己"三十岁前最好吃烟，片刻不离，至道光壬寅十一月廿一日立志戒烟，至今不再吃。四十六岁以前作事无恒，近五年深以为戒，现在大小事均尚有恒"[5] 的事例，勉励儿子立志于"厚重"二字，并认为古称"金丹换骨"中的"丹"即是"立志"。但是，曾国藩也曾以愧恨的心态反省自己"余生平坐无恒之弊，万事无成，德无成，业无成，已可深耻矣。逮办理军事，自矢靡他，中间本志变化，尤无恒之大者，用为内耻"，告诫儿子"尔欲稍有成就，须从'有恒'二字下手"[6]。针对九弟曾国荃来信中有"意趣不在此，则兴会索然"的言辞，曾国藩告诫其要做事专一、善始善终，"不可见异思迁，做这样，想那样；坐这山，望那山"，否则将"人而无恒，终身一无所成"[7]，并举自己当翰林、在六部、带兵打仗时不专心其志的问题，劝勉曾国荃立志有恒、精诚专一，不要蹈自己无恒之覆辙。直至曾国藩 56 岁时（距离其逝世仅有 5 年），他仍在"痛戒无恒之弊，看书写字，从未间断。选将练兵，亦常留心"[8]，恰如"蘧伯玉年五十，而有四十九年非"[9]，真正将立志有恒的原则贯穿整个人生。

为何要立志有恒呢？孟子给的答案是"流水之为物也，不盈科不行；君子之

1 檀作文译注. 曾国藩家书（上）［M］. 北京：中华书局，2017：252-253.
2 檀作文译注. 曾国藩家书（上）［M］. 北京：中华书局，2017：147-148.
3 檀作文译注. 曾国藩家书（上）［M］. 北京：中华书局，2017：318.
4 檀作文译注. 曾国藩家书（上）［M］. 北京：中华书局，2017：321.
5 檀作文译注. 曾国藩家训［M］. 北京：中华书局，2020：218.
6 檀作文译注. 曾国藩家训［M］. 北京：中华书局，2020：116.
7 檀作文译注. 曾国藩家书（中）［M］. 北京：中华书局，2017：992.
8 檀作文译注. 曾国藩家书（下）［M］. 北京：中华书局，2017：2058.
9 刘安著，陈广忠译注. 淮南子译注（上册）［M］. 上海：上海古籍出版社，2017：21.

志于道也，不成章不达"[1]，用流水不积累满洼地则不能前行的事理，告诫君子立志行道，不持之以恒积累到一定的成就，也就不能够通达大道。

立志有恒既要守住初心，又要善始善终。守住初心可以抵御环境的侵染，颜延之在《庭诰文》中指出："唯夫金真玉粹者，乃能尽而不污尔。故曰：'丹可灭而不能使无赤，石可毁而不可使无坚。'苟无丹石之性，必慎浸染之由。"[2]坚守立志初心者，便可成就"丹石之性"，就可避免"与不善人居，如入鲍鱼之肆，久而不知其臭"的不良环境同化和侵袭。咸丰十一年（1861年）三月十三日，曾国藩与太平军作战不利，在"四面梗塞，接济已断，加此一挫，军心尤大震动"[3]的万分危急之时，深感兵事"难于见功，易于造孽，尤易于贻万世口实"的问题，因此在家书中告诫两子："尔等长大之后，切不可涉历兵间。""尔曹惟当一意读书，不可从军，亦不必作官。"但唯一让他获得宽慰的是，虽然"久处行间，日日如坐针毡"，但"所差不负吾心、不负所学者，未尝须臾忘爱民之意耳"[4]。正是持之以恒的爱民之志，让曾国藩在几乎面临绝境的军事危机中，获得一丝心理上的安慰，这就是坚守初心的力量。立志有恒要求善始善终，即便面临坎坷、困境也不轻易改变志向，颜延之告诫子孙"君子道命愈难，识道愈坚"[5]。君子的命运越是艰难，其认识坚守道义就要越是坚毅，正是"宝剑锋从磨砺出，梅花香自苦寒来"之意。袁采在《袁氏世范》中指出："操履与升沉自是两途。不可谓操履之正，自宜荣贵；操履不正，自宜困厄。"[6]品德操守的好坏与官位升降并无必然关系，不可强行关联，修身是自己的事情，与功名利禄无关，不可带着功利心去修身，否则一旦功利目标未达成，"则操履必怠，而所守或变，遂为小人之归矣"[7]。曾国藩告诫九弟曾国荃："'靡不有初，鲜克有终'，望弟慎之又慎，总以'克终'为贵。"[8]清代名臣张廷玉在《澄怀园语》中通过一名老僧人因坚守道心、精勤不息，最终逃于神鞭击杀，避免前功尽弃的故事，警醒子孙后代立志有恒、善始善终，因为"制行愈高，品望愈重，则人之伺之益密，而论之亦深，

1　杨伯峻译注.孟子译注［M］.北京：中华书局，2010.：288.
2　诸葛亮，范仲淹著.余进江选编译注.历代家训名篇译注［M］.上海：上海古籍出版社，2020：112.
3　檀作文译注.曾国藩家训［M］.北京：中华书局，2020：158.
4　檀作文译注.曾国藩家训［M］.北京：中华书局，2020：161.
5　诸葛亮，范仲淹著.余进江选编译注.历代家训名篇译注［M］.上海：上海古籍出版社，2020：101.
6　袁采，朱柏庐著.陈延斌，陈姝瑾译注.袁氏世范 朱子家训［M］.南京：江苏人民出版社，2019：105.
7　袁采，朱柏庐著.陈延斌，陈姝瑾译注.袁氏世范 朱子家训［M］.南京：江苏人民出版社，2019：105.
8　檀作文译注.曾国藩家书（中）［M］.北京：中华书局，2017：1066.

防检稍疏则身名俱损”[1]。

第三节　立志的细目

在立志的细目上，由于时代背景、个人经历不同，奋斗者往往志趣各异，其立志之端难以一概而论。但在中华优秀传统文化的底色映衬下，可以将主要的立志细目归为四类，即进德修业之志、经世济民之志、立名传家之志和淡泊冲和之志。

一、进德修业之志

“修齐治平”是中华传统知识分子的人生理想，其首要就在“修身”。《大学》有云：“自天子以至于庶人，一是皆以修身为本。”[2] 而修身，从广义上讲包含进德和修业两个方面。因此，进德修业是奋斗者应有的基本之志。

进德修业的内涵是明大道、通技艺。曾国藩将读书的目的总结为两事：“一者进德之事，讲求乎诚正修齐之道，以图无忝所生；一者修业之事，操习乎记诵词章之术，以图自卫其身。”[3] “进德，则孝弟仁义是也；修业，则诗文作字是也。”[4] 进德以明诚心、正意、修身、齐家的大道，修业以学习掌握记诵词章的技巧。立志于进德和修业两事，则道与术并学并用，以专精之术谋食谋身，以明悟大道提升境界，则读书之目的也就达到了。但曾国藩在家书中同时提醒诸弟，并非有立志即可高枕无忧，士人读书必须有志、有识、有恒，三者缺一不可，“有志则断不甘为下流。有识则知学问无尽，不敢以一得自足。如河伯之观海，如井蛙之窥天，皆无识者也。有恒则断无不成之事”。而在三者的关系上，曾国藩认为“惟有识不可以骤几”，至于有志、有恒，则只要勤奋自勉就可以快速见效。[5]

进德修业具有立身富家的价值，但其主要目的是为修身，为充实个人内心德行，而非追求富贵功名等外在功利事物。在曾国藩的心目中“吾人只有进德、修业两事靠得住”，因为“此二者由我作主，得尺则我之尺也，得寸则我之寸也。今日进一分德，便算积了一升谷；明日修一分业，又算馀了一文钱；德业并增，则家私日起”[6]。但他认为进德修业不能以功名富贵为目标，因为“凡富贵功名

1　张英，张廷玉著．张舒，丛伟注．陈明审校．父子宰相家训［M］．北京：新星出版社，2015：101.
2　朱熹撰．四书章句集注［M］．北京：中华书局，2012：4.
3　檀作文译注．曾国藩家书（上）［M］．北京：中华书局，2017：113-114.
4，6　檀作文译注．曾国藩家书（上）［M］．北京：中华书局，2017：283.
5　檀作文译注．曾国藩家书（上）［M］．北京：中华书局，2017：151-152.

皆有命定，半由人力，半由天事；惟学作圣贤，全由自己作主，不与天命相干涉"[1]，所以他对子孙的期望与凡人大相径庭，"凡人多望子孙为大官，余不愿为大官，但愿为读书明理之君子。勤俭自持，习劳习苦，可以处乐，可以处约，此君子也。"[2] 张廷玉也告诫子孙，进德修业不可执着于功利心，认为"为善所以端品行也。谓为善必获福，则亦尽有不获福者"，并以写好文章与中科举之间的关系为喻，指出"譬如文字好则中式，世亦岂无好文而不中者耶？但不可因好文不中，而遂不作好文耳！"[3] 认为不可因未获福报或未达功利期望，就懈怠于进德修业，一则两者并无必然联系，二则进德修业之主要目的是为修身，而非汲汲于功名利禄。李翱也认为进德修业为求内心充实，而非为求富贵外物，他提出"贵与富，在乎外者也，吾不能知其有无也，非吾求而能至者也，吾何爱而屑屑于其间哉？仁义与文章，生乎内者也，吾知其有也，吾能求而充之者也，吾何惧而不为哉？"[4] 只有生发于内部的仁义与文章，可以自由追求扩充，因此要奋力争取，而富贵功名并非求之必得，不应作为热衷急切追求的对象。

　　进德修业有一定的方法和路径。曾国藩认为做人的道理，归根到底就在"敬""恕"二字，并告诫儿子"此立德之基，不可不谨"[5]。具体来说，"敬"表现为"出门如见大宾，使民如承大祭"，"恕"表现为"己所不欲，勿施于人"[6]。在进德修业的具体方法上，曾国藩根据儿子"言语欠钝讷，举止欠端重，看书能深入而作文不能峥嵘"的缺点，提出了两条进路，一是"言语迟钝，举止端重，则德进矣"，二是"作文有峥嵘雄快之气，则业进矣"[7]。唐代李翱在《寄从弟正辞书》中提出了"九分力学，一分力俗"的进德修业之法，他劝慰弟弟如果本次考取进士不中也不必在意，因为大丈夫不应为时运不济而忧愁，而应为德行难以与古人比肩忧愁，如果内心确认自己的德行已经上达古人，那么就不要因在意世俗之人的看法而患得患失，扰乱自己的本心；李翱告诫弟弟"借如用汝之所知，分为十焉，用其九学圣人之道，而知其心，使有余以与时世进退俯仰"。在十分聪明智慧中，要用九分体察圣人之心，学习圣人之道，只留一分与世俗周旋，这样做的好处体现为"如可求也，则不啬富且贵也，如非吾力也，虽尽用其十，只

1，2　檀作文译注.曾国藩家训［M］.北京：中华书局，2020：11.
3　张英，张廷玉著.张舒，丛伟注.陈明审校.父子宰相家训［M］.北京：新星出版社，2015：100-101.
4　诸葛亮，范仲淹著.余进江选编译注.历代家训名篇译注［M］.上海：上海古籍出版社，2020：167.
5　檀作文译注.曾国藩家训［M］.北京：中华书局，2020：18.
6　杨伯峻译注.论语译注（简体字本）［M］.北京：中华书局，2017：175.
7　檀作文译注.曾国藩家训［M］.北京：中华书局，2020：213.

益劳其心尔，安能有所得乎？"[1]李翱用非常理性的态度，对"九分力学，一分力俗"的好处开展逻辑推理：将九分心力用于学习圣人之道，如果同时也求得了富贵，则将获富贵与道义兼得之功，而如果富贵并非靠能力就能求取，那么即使将十分心力用于力俗，劳心劳力不说，最终还会面临富贵与道义兼失的双重打击。

二、经世济民之志

孟子曰："古之人，得志，泽加于民；不得志，修身见于世。"并由此提出对中华文明产生深远影响的士人理想，即"穷则独善其身，达则兼善天下"[2]。由此，在以修身为目标的进德修业之志之上，又进一步发展出"兼善天下"的经世济民之志。

孟子曰："人有恒言，皆曰：'天下国家。'天下之本在国，国之本在家，家之本在身。"[3]个人得志则外扩至家、至国、至天下，经世济民之志不仅是士人理想的集中体现，也是中华文化"家国同构"理念的必然推演。

这种经世济民之志在曾国藩身上有着独特的显现。曾国藩每当危难之际，首先想到的就是竭力报国，曾国藩与太平军作战多次出现危机，他在给弟弟和儿子的家书中，多次表示"久已以身许国。愿死疆场，不愿死牖下，本其素志。近年在军办事，尽心竭力，毫无愧怍，死即瞑目，毫无悔憾。"[4]"人谁不死？只求临终心无愧悔耳。"[5]"余自从军以来，即怀见危授命之志。丁戊年在家抱病，常恐溘逝牖下，渝我初志，失信于世。起复再出，意尤坚定。此次若遂不测，毫无牵恋。"[6]这种"见危授命""以身许国"的气概，表现出坚定的经世济民之志。

三、立名传家之志

《孝经》开宗明义篇中，孔子对"孝"进行了系统论述。"身体发肤，受之父母，不敢毁伤，孝之始也。立身行道，扬名于后世，以显父母，孝之终也。夫孝，始于事亲，中于事君，终于立身。"[7]中华民族历来以忠孝传家，"扬名于后世，以显父母"是最高的孝道，也是立名传家之志的理论来源。

1 诸葛亮，范仲淹著，余进江选编译注. 历代家训名篇译注［M］.上海：上海古籍出版社，2020.：166.
2 杨伯峻译注. 孟子译注［M］.北京：中华书局，2010：281.
3 杨伯峻译注. 孟子译注［M］.北京：中华书局，2010：153.
4 檀作文译注. 曾国藩家书（中）［M］.北京：中华书局，2017：1326.
5 檀作文译注. 曾国藩家训［M］.北京：中华书局，2020：132.
6 檀作文译注. 曾国藩家训［M］.北京：中华书局，2020：158.
7 胡平生译注. 孝经译注［M］.北京：中华书局，1996：1.

要行好立名传家之志不易，所谓"一念错，便觉百行皆非，防之当如渡海浮囊，勿容一针之罅漏；万善全，始得一生无愧，修之当如凌云宝树，须假众木以撑持"[1]。要时时处处小心谨慎，避免一错毁百行。

对于世家子弟而言，立名传家更为艰难。张英提出"世家子弟，其修行立名之难，较寒士百倍"[2]。原因何在？一是"人之当面待之者，万不能如寒士之古道"，导致世家子弟往往从小缺乏逆耳忠言和诤诤益友，难以改非去骄盈，修身自然难有成效；二是"人之背后称之者，万不能如寒士之直道"，导致虽有才品而人畏逢迎势利之讥讽，难以获得高名，立名自然难求成功。"故富贵子弟，人之当面待之也恒恕，而背后责之也恒深，如此则何由知其过失，而显其名誉乎？"[3]要想立身传家，张英为世家子弟开出的良方是："谨饬倍于寒士，俭素倍于寒士，谦冲小心倍于寒士，读书勤苦倍于寒士，乐闻规劝倍于寒士。"但是即便如此，在别人的眼中，也"仅得与寒士等"。所以张英提出"我愿汝曹常以席丰履盛为可危可虑、难处难全之地，勿以为可喜可幸、易安易逸"[4]，告诫子孙要有履薄临深的警惕意识和危机意识，切勿生喜幸心、安逸心，对于别人的非议和无礼，要有宽恕心，充分理解彼此所处境遇差异带来的心理落差，多反思自己过错，这样才可能实现立名传家之志。《围炉夜话》有云："常人突遭祸患，可决其再兴，心动于警励也；大家渐及消亡，难期其复振，势成于因循也。"[5]对于世族大家而言，长期因袭现状、不思进取的懈怠思想，可能导致立名传家之志遽然断绝而不可复振，为祸尤其惨烈矣。

四、淡泊冲和之志

诸葛亮在《诫子书》中告诫儿子："非淡泊无以明志，非宁静无以致远。"[6]张廷玉认为："万病之毒，皆生于浓。浓于声色，生虚怯病；浓于货利，生贪饕病；浓于功业，生造作病；浓于名誉，生矫激病。"[7]为此，他开出一味药解病，这便是一个"淡"。《菜根谭》有言："醲肥辛甘非真味，真味只是淡；神奇卓异

1　杨春俏译注.菜根谭［M］.北京：中华书局，2016：1.
2，3　张英，张廷玉著.张舒，丛伟注.陈明审校.父子宰相家训［M］.北京：新星出版社，2015：75.
4　张英，张廷玉著.张舒，丛伟注.陈明审校.父子宰相家训［M］.北京：新星出版社，2015：75-76.
5　张德建译注.围炉夜话［M］.北京：中华书局，2016：51.
6　诸葛亮，范仲淹著.余进江选编译注.历代家训名篇译注［M］.上海：上海古籍出版社，2020：32.
7　张英，张廷玉著.张舒，丛伟注.陈明审校.父子宰相家训［M］.北京：新星出版社，2015：106.

非至人，至人只是常。"[1] 以食物为喻道出"真味是淡"的深刻哲理。在奋斗路途中，只有在平静淡泊的心态下，才能品出生活的真味、人生的真谛、世间的至道，立定淡泊冲和之志，超然于物外，则合于天道。

淡泊冲和之志的核心是"不忮不求"。曾国藩总结先儒之书，认为圣人千言万语都是告诫世人"要以不忮不求为重"，并对"忮"和"求"进行深入阐释，"忮者，嫉贤害能，妒功争宠，所谓'怠者不能修，忌者畏人修'之类也"，"求者，贪利贪名，怀土怀惠，所谓'未得患得，既得患失'之类也"，认为"忮不去，满怀皆是荆棘；求不去，满腔日即卑污"，要求"子孙世世戒之"。[2] 只有立定淡泊冲和之志，以平常心对待他人的才能功业、自身的富贵功名，才能让自己内心坦荡、行事磊落，避免堕入嫉贤害能、妒功争宠、贪利贪名、怀土怀惠的小人之道。

1　杨春俏译注.菜根谭［M］.北京：中华书局，2016：126.
2　檀作文译注.曾国藩家训［M］.北京：中华书局，2020：457-458.

第四章 家风与奋斗基础

要奋斗必然要具备一定的基础条件,所谓"工欲善其事,必先利其器",只有通过充分的准备,奠定坚实的基础,奋斗者才可能立得更稳、走得更快、行得更远。在中华优秀传统家风中,体现出七大奋斗基础,即身体基础、物质基础、家庭基础、师友基础、团队基础、社会基础和心理基础,并对各项奋斗基础条件的筑基之法进行了系统性论述。

第一节 身体基础

一、保身为要

保身为第一要事。范仲淹在《告诸子及弟侄》的家书中,提出"青春何苦多病,岂不以摄生为意耶?"的疑问,告诫子侄不可"轻其身汩其志",同时劝勉弟弟"宽心将息,虽清贫,但身安为重"[1],将家人的身体健康视为最大的要事,不厌其烦地反复叮咛。

保身是最大的孝行。《孝经》开篇即提出"身体发肤,受之父母,不敢毁伤,孝之始也"[2]。既然连头发皮肤都因是父母遗泽而小心保存、不敢毁伤,身体健康乃至性命则更应珍惜。曾国藩听闻儿子曾纪泽在家乡团山觜桥上跌落后,不仅全力支持家人修石桥以防后患,而且引用《礼记》"道而不径,舟而不游"的古训,告诫儿子"古之言孝者,专以保身为重"的道理,希望曾纪泽"一举足而不敢忘父母,是故道而不径,舟而不游,不敢以先父母之遗体行殆"[3]。同时,曾国藩还立下"乡间路窄桥孤,嗣后吾家子侄,凡遇过桥,无论轿马,均须下而步行"[4]的规矩,足见其对保身的高度重视。在给两个儿子的家书中,曾国藩感叹"老年来始知圣人教孟武伯问孝一节之真切"[5]。孟武伯问孝语出《论语·为政》,孟

1　诸葛亮,范仲淹著.余进江选编译注.历代家训名篇译注[M].上海:上海古籍出版社,2020:190.
2　胡平生译注.孝经译注[M].北京:中华书局,1996:1.
3　胡平生,张萌译注.礼记(下)[M].北京:中华书局,2017:917.
4　檀作文译注.曾国藩家训[M].北京:中华书局,2020:280.
5　檀作文译注.曾国藩家训[M].北京:中华书局,2020:399.

武伯向孔子请教孝道，孔子回答他"父母唯其疾之忧"，马融对此解释为"言孝子不妄为非，唯疾病然后使父母忧"[1]。也就是说父母对孝子唯一的担忧就是疾病，曾国藩此时最担心的就是儿子"体弱多病"。可见保持身体健康对父母而言就是最大的宽慰，也是行孝的重要内容。张英将父母对孩子的期望总结为三个方面："父母之爱子，第一望其康宁，第二冀其成名，第三愿其保家。"认为子女如果保持身体康宁，则"安其身以安父母之心，孝莫大焉"[2]。

保身要内外兼修，知趋利避害之机。在《孟子·尽心章句上》中，孟子提出"是故知命者不立乎危墙之下"[3]的保身原则。颜之推认为"夫养生者先须虑祸，全身保性。有此生然后养之，勿徒养其无生也"，并且列举"单豹养于内而丧外，张毅养于外而丧内"，"嵇康著《养生》之论，而以傲物受刑；石崇冀服饵之征，而以贪溺取祸"[4]的实际案例，告诫子孙不要一味追求所谓的养生之术，首要应当考虑的是保全自身性命，防范内外隐患，避免招致杀身之祸，以免有养生之法而无生可养，岂不荒谬哉。曾国藩在对四女儿的婚事安排上，首要考虑送亲队伍的人身安全，坚决反对曾府家眷坐轮船走海道送四女到郭府完婚，认为"嘉礼尽可安和中度，何必冒大洋风涛之险？"[5]

观古思今，人们对保身为第一要事的认识越来越淡薄，越来越模糊。由此导致一系列个人和家庭悲剧，造成一系列社会问题，对个人、家庭、社会产生深远影响。"身体发肤，受之父母，不敢毁伤"的观念式微，剪染怪异发型，随意文身或穿环，甚至为了满足金钱贪欲，损伤身体卖血卖器官者有之；不明趋利避害之机，饮食无节，作息无度，甚至吸毒、酒驾违法犯罪者有之；不知内外兼修，心理承受能力差，社会适应能力弱，自闭抑郁，甚至自伤自残自杀者有之。这些行为轻则影响个人形象和健康，重则贻害个人终身、摧毁家庭幸福、影响社会风气甚至威胁公共安全，如何让父母不担忧？这显然与"父母唯其疾之忧"的孝子标准相去甚远，应当予以警醒并力戒之。

二、养生有法

"身体是革命的本钱"，用科学的方法保养身体，才能保持长久的健康，从而延年益寿，为奋斗者提供更加充分的身体条件。

1　杨伯峻译注.论语译注（简体字本）[M].北京：中华书局，2017：18-19.
2　张英，张廷玉著.张舒，丛伟校.陈明审校.父子宰相家训[M].北京：新星出版社，2015：48.
3　杨伯峻译注.孟子译注[M].北京：中华书局，2010：278.
4　檀作文译注.颜氏家训[M].北京：中华书局，2011：208.
5　檀作文译注.曾国藩家训[M].北京：中华书局，2020：351.

《论语》中蕴含着丰富的养生思想，对饮食、医药、起居、性情等养生方法进行了系统阐述，其主要内容可概括为饮食有常、起居有节、怡情颐性、葆养气血等。[1] 曾国藩在55岁的家书中提出"养生五事"：一曰眠食有恒，二曰惩忿，三曰节欲，四曰每夜临睡洗脚，五曰每日两饭后各行三千步。[2] 在同年给两个儿子的家书中增加"不轻服药一层"[3]，在60岁的家书中又增一条"黎明吃白饭一碗，不沾点菜"[4]，共计总结出七条养生要诀。张英将养身之道归结为六条，即谨嗜欲、慎饮食、慎忿怒、慎寒暑、慎思索、慎烦劳[5]；他推崇"古人以'眠、食'二者为养生之要务"[6] 的做法，提出"昔人论致寿之道有四，曰慈、曰俭、曰和、曰静"[7]，认为"此四者于养生之理，极为切实。较之服药引导，奚啻万倍哉！若服药，则物性易偏，或多燥滞。引导吐纳，则易至作辍。必以四者为根本，不可舍本而务末也"[8]。陈继儒在《小窗幽记》中以笔、墨、砚的特征与使用寿命为喻，指出"笔之用以月计，墨之用以岁计，砚之用以世计。笔最锐，墨次之，砚钝者也。岂非钝者寿而锐者耶？笔最动，墨次之，砚静者也。岂非静者寿而动者夭乎？于是得养生焉"，认为养生的要诀就在于"以钝为体，以静为用，唯其然是以能永年"。[9] 从总体上来看，古人关于养生的方法主要包括饮食、运动、情志三大方面。

在饮食养生方面，主要包括慎疾慎药、眠食有恒两大方法。一是慎疾慎药。孔子对疾病和用药都十分慎重，《论语·述而》中提到"子之所慎：齐、战、疾"[10]，《论语·乡党》中面对季康子馈赠的药品，孔子拜而受之，但同时表明"丘未达，不敢尝"[11]，可见孔子高度重视养生，对疾病和用药都持非常谨慎的态度。曾国藩在家书中提醒"后辈子侄尤多虚弱，宜于平日讲求养生之法，不可于临时乱投药剂"[12]，要求兄弟子侄慎重对待药物，在给两个儿子的家书中，曾国藩认为"药虽有利，害亦随之，不可轻服"[13]，告诫儿子曾纪泽："尔体甚弱，咳吐咸痰，

1　张建伟，李继明.《论语》中的中医养生思想［J］.成都中医药大学学报，2009，32(4):14-16.
2　檀作文译注.曾国藩家书（下）［M］.北京：中华书局，2017：2008.
3　檀作文译注.曾国藩家训［M］.北京：中华书局，2020：419.
4　檀作文译注.曾国藩家书（下）［M］.北京：中华书局，2017：2132.
5　张英，张廷玉著.张舒，丛伟注，陈明审校.父子宰相家训［M］.北京：新星出版社，2015：48.
6　张英，张廷玉著.张舒，丛伟注，陈明审校.父子宰相家训［M］.北京：新星出版社，2015：12.
7　张英，张廷玉著.张舒，丛伟注，陈明审校.父子宰相家训［M］.北京：新星出版社，2015：16.
8　张英，张廷玉著.张舒，丛伟注，陈明审校.父子宰相家训［M］.北京：新星出版社，2015：18.
9　成敏译注.小窗幽记［M］.北京：中华书局，2016：21.
10　杨伯峻译注.论语译注（简体字本）［M］.北京：中华书局，2017：99.
11　杨伯峻译注.论语译注（简体字本）［M］.北京：中华书局，2017：150.
12　檀作文译注.曾国藩家书（下）［M］.北京：中华书局，2017：2007.
13　檀作文译注.曾国藩家训［M］.北京：中华书局，2020：375.

吾尤以为虑，然总不宜服药。"[1] 虽是因其见识太多庸医害人，因而不信医药，有讳疾忌医之嫌，但从谨慎角度而言，强调不可乱服药却也不无道理。颜之推针对魏晋南北朝盛行服药养生，但"为药所误者甚多"的现实情况，在《颜氏家训》中告诫子孙："凡欲饵药，陶隐居《太清方》中总录甚备，但须精审，不可轻脱。"[2] 二是眠食有恒。首先要限食，从中医角度看，《黄帝内经》提出"高粱之变，足生大疔，受如持虚"[3] "病热少愈，食肉则复，多食则遗，此其禁也"[4] 的观点，主张食不过饱、少吃肉食；张英提出"食只八分饱，后饮六安苦茗一杯"的养生方法，认为"脏腑肠胃，常令宽舒有余地，则真气得以流行而疾病少"，并以家乡医者吴友季的养生事例加以证明，吴友季"每赤日寒风，行长安道上不倦。人问之，曰：'予从不饱食，病安得入？'"[5] 张廷玉继承了父亲张英的限食思想，在《澄怀园语》中讲到"余生来体弱，每食不过一瓯，肥甘之味，略尝即止。然生平未尝患疟痢，亦由不多饮食之故。世之以快然一饱而致病者，岂少哉！"[6] 其次要忌食，孔子在《论语》中提出了"限肉、限酒、限姜"的养生方法，"肉虽多，不使胜食气""唯酒无量，不及乱""不撤姜食，不多食"[7]。张英在《聪训斋语》中提出"燔炙熬煎香甘肥腻之物最悦口，而不宜于肠胃"的观点，并以陆游"倩盼作妖狐未惨，肥甘藏毒鸩犹轻"的诗句，说明肥腻之物对身体的伤害比毒药鸩酒更为严重，张英还认为应当"食忌多品"，如果"一席之间，遍食水陆，浓淡杂进，自然损脾"。食忌多品的原则是"鸡鱼凫豚之类，只一二种，饱食良为有益"[8]，虽然古人没有过这种养生的说法，但张英认为理当如此。曾国藩在家书中向儿子曾纪泽介绍其"夜饭不用荤菜"的养生实践，认为这种方法"必可以资培养""菜不必贵，适口则足养人"，要求家中后辈"夜饭不荤，专食蔬而不用肉汤"[9]，认为不仅适宜养生，而且也是崇尚节俭的方法。第三要安寝早起，古人有言："不觅仙方觅睡方"，张英认为"安寝，乃人生最乐"，提出"冬夜以二鼓为度，暑月以一更为度"的作息时间标准，并且主张在日长漏永的时节"不妨午睡数刻"，"睡足而起，神清气爽，真不啻天际真人"，而早起的时间标准

1　檀作文译注.曾国藩家训［M］.北京：中华书局，2020：140.
2　檀作文译注.颜氏家训［M］.北京：中华书局，2011：207.
3　姚春鹏译注.黄帝内经（上·素问）［M］.北京：中华书局，2010：36.
4　姚春鹏译注.黄帝内经（上·素问）［M］.北京：中华书局，2010：277.
5　张英，张廷玉著.张舒，丛伟灿注.陈明审校.父子宰相家训［M］.北京：新星出版社，2015：12.
6　张英，张廷玉著.张舒，丛伟灿注.陈明审校.父子宰相家训［M］.北京：新星出版社，2015：107.
7　杨伯峻译注.论语译注（简体字本）［M］.北京：中华书局，2017：146.
8　张英，张廷玉著.张舒，丛伟灿注.陈明审校.父子宰相家训［M］.北京：新星出版社，2015：12.
9　檀作文译注.曾国藩家训［M］.北京：中华书局，2020：332-333.

是"日出而起，于夏尤宜"[1]，否则就将失去最为爽神的天地清旭之气，甚为可惜，规律的作息，使人的身体可以得到足够休息，各项机能有效运转，则人自然能够常保健康、延年益寿。

在运动养生方面，主要包括饭后散步、锻炼强身两大方法。曾国藩认为"每日饭后走数千步，是养生家第一秘诀"[2]，他在 50 岁时试行饭后三千步，并矢志永不间断；在锻炼强身方面，曾国藩告诫儿子曾纪泽"身体虽弱，处多难之世，若能风霜磨炼、苦心劳神，亦自足坚筋骨而长识见"[3]。颜之推则强调锻炼强身不仅是养生之法，还是保命之术，他以梁世士大夫为例，"皆尚褒衣博带，大冠高履，出则车舆，入则扶侍，郊郭之内，无乘马者"，"至乃尚书郎乘马，则纠劾之"。世风奢靡，崇尚浮华，甚至连官员骑马都会遭众人讥笑甚至被弹劾，完全没有锻炼强身的意识，导致遭逢侯景之乱时，这些士大夫们"肤脆骨柔，不堪行步，体羸气弱，不耐寒暑，坐死仓猝者，往往而然"[4]，终究还是为浮华而不能养生的生活方式付出了惨重代价。

在情志养生方面，主要包括惩忿窒欲、慈俭和静等两大方法。一是惩忿窒欲。惩忿，即少恼怒，窒欲，即知节啬也。曾国藩提出如果"既戒恼怒，又知节啬"，则"养生之道，已'尽其在我'者矣"。他认为"节啬，非独色之性也；即读书用心，亦宜俭约，不使太过"，主张用心宜约，避免心神操劳过度，导致神思疲乏影响身心健康。而去恼怒之道则在于"胸中不宜太苦，须活泼泼地，养得一段生机"[5]。二是慈俭和静。在慈字功夫上，张英提出如果"人能慈心于物，不为一切害人之事，即一言有损于人，亦不轻发"，那么不管是否有因果报应，就凭"胸中一段吉祥恺悌之气，自然灾沴不干，而可以长龄矣"。在俭字功夫上，张英认为"俭于饮食，可以养脾胃；俭于嗜欲，可以聚精神"，而"俭于酬错，可以养身息劳；俭于夜坐，可以安神舒体；俭于饮酒，可以清心养德；俭于思虑，可以蠲烦去扰"。通过一个"俭"字，可以让身心达到最佳状态，自然心宽体泰。在和字功夫上，张英提出"人常和悦，则心气冲而五脏安"的"养欢喜神"理论，并以百岁老人"一生只是喜欢，从不知忧恼"的养生长寿实例证明之；在静字功夫上，提出要"身不过劳，心不轻动"，"凡遇一切劳顿、忧惶、喜乐、恐惧之

1 张英，张廷玉著，张舒，丛伟注，陈明审校，父子宰相家训 [M]．北京：新星出版社，2015：13．
2 檀作文译注，曾国藩家训 [M]．北京：中华书局，2020：141．
3 檀作文译注，曾国藩家训 [M]．北京：中华书局，2020：75．
4 檀作文译注，颜氏家训 [M]．北京：中华书局，2011：181．
5 檀作文译注，曾国藩家训 [M]．北京：中华书局，2020：365-366．

事，外则顺以应之，此心凝然不动，如澄潭、如古井，则志一动气，外间之纷扰皆退听矣"[1]。张英在46岁时，就开始修习"安心之法"："凡喜怒哀乐、劳苦恐惧之事，只以五官四肢应之，中间有方寸之地，常时空空洞洞、朗朗惺惺，决不令之人，所以此地常觉宽绰洁净。"[2]将心比作城，将外界喜怒哀乐、劳苦恐惧之事喻为贼，贼攻则驱逐之，城主人自可得"天真之乐"，有此静心之法，何愁此生不可养也。

三、惜身以道

颜之推提出"夫生不可不惜，不可苟惜"的原则，为奋斗者们提供了保身与惜身的平衡之法。具体言之，如"涉险畏之途，干祸难之事，贪欲以伤生，谗慝而致死，此君子之所惜哉"，如"行诚孝而见贼，履仁义而得罪，丧身以全家，泯躯而济国，君子不咎也"[3]。这与孔子所言"朝闻道，夕死可矣"[4]"志士仁人，无求生以害仁，有杀身以成仁"[5]"君子之于天下也，无适也，无莫也，义之与比"[6]"见义不为，无勇也"[7]，与孟子所言"自反而缩，虽千万人，吾往矣"[8]均是一理。司马迁在《报任安书》中将其总结为"人固有一死，死有重于泰山，或轻于鸿毛，用之所趋异也"[9]。若为忠孝道义、家国天下而死，则身又何惜？曹植诗中"捐躯赴国难，视死忽如归"的君子气度是也，文天祥"人生自古谁无死，留取丹心照汗青"的威武不屈是也，于谦"粉身碎骨浑不怕，要留清白在人间"的铮铮铁骨是也，林则徐"苟利国家生死以，岂因祸福避趋之"的大义抉择是也。若因为非作歹、争强好胜而丧生，则此身如草芥也。这便是孟子所谓"尽其道而死者，正命也；桎梏死者，非正命也"[10]的"正命非命观"之要义指归。在这个问题上，颜之推所举侯景之乱时的正反事例可为龟鉴："侯景之乱，王公将相，多被戮辱，妃主姬妾，略无全者。唯吴郡太守张嵊，建义不捷，为贼所害，辞色不挠；及郡阳王世子谢夫人，登屋诟怒，见射而毙。夫人，谢遵女也。何贤智操行若此之难？婢妾引决若此之易？悲夫！"[11]乱世之下，除一太守奋起外，满朝

1 张英，张廷玉著．张舒，丛伟注．陈明审校．父子宰相家训［M］．北京：新星出版社，2015：16-18.
2 张英，张廷玉著．张舒，丛伟注．陈明审校．父子宰相家训［M］．北京：新星出版社，2015：40.
3 檀作文译注．颜氏家训［M］．北京：中华书局，2011：209.
4 杨伯峻译注．论语译注（简体字本）［M］．北京：中华书局，2017：51.
5 杨伯峻译注．论语译注（简体字本）［M］．北京：中华书局，2017：231.
6 杨伯峻译注．论语译注（简体字本）［M］．北京：中华书局，2017：52.
7 杨伯峻译注．论语译注（简体字本）［M］．北京：中华书局，2017：29.
8 杨伯峻译注．孟子译注［M］．北京：中华书局，2010：56.
9 班固撰．颜师古注．汉书（第九册）［M］．北京：中华书局，1962：2732.
10 杨伯峻译注．孟子译注［M］．北京：中华书局，2010：278.
11 檀作文译注．颜氏家训［M］．北京：中华书局，2011：209.

文武却不敌一女子之勇，可悲可叹。这并非历史个案，正因惜身不以道者众多，是以此后的五代时期，花蕊夫人在后蜀灭亡后感叹"十四万人齐卸甲，竟无一人是男儿"。

曾国藩认为欲成大事者不可过于惜身。他在家书中告诫九弟曾国荃"身体虽弱，却不宜过于爱惜。精神愈用则愈出，阳气愈提则愈盛；每日作事愈多，则夜间临睡愈快活。若存一爱惜精神的意思，将前将却，奄奄无气，决难成事"[1]。

但曾国藩同时也主张"以礼惜身"。在给儿子曾纪泽的家书中，针对曾纪泽因妻兄贺吉甫逝世，亲写讣信百余件的事情，告诫其要"以礼惜身"，"非谓尔宜自惜精力，盖以少庚年未三十，情有等差，礼有隆杀，则精力亦不宜过竭耳"[2]。

总之，惜身以道，便要分清正义与非正义，是非之心明，则以身行道，以礼行事，即使捐躯，亦是正命之途，远胜于碌碌无为的苟生之人，更远胜于桎梏而死的非命之徒。

第二节　物质基础

任何事业均需以一定的物质基础为保障，虽然自古以来在中国士人理想中均有"重义轻利"的道德准则，但这只是在面临义利抉择时的判断标准，并非不食人间烟火，不思家庭生计。曾国藩认为"卫身莫大于谋食"，只是人们根据所从事行业不同，有劳心和劳力之别而已，即"农工商，劳力以求食者也；士，劳心以求食者也"[3]。在以农立国的中国，农业一直以来就是中华民族奋斗之路的基本物质保障，颜之推认为"生民之本，要当稼穑而食，桑麻以衣"[4]。种植庄稼以解决吃饭问题，种植桑麻以解决穿衣问题，是老百姓生存的根本，"民以食为天"，如果没有粮食，百姓就将无法生存，"仓廪实而知礼节"，如若"三日不粒"，则"父子不能相存"[5]，没有物质基础，一切奋斗目标和文明发展都将是空中楼阁。

在曾国藩和九弟曾国荃同时"封爵开府"，门庭极盛之时，曾国藩却认为这并非"可常恃之道"。他回忆起祖父星冈公对父亲竹亭公的教诲："宽一虽点翰林，我家仍靠作田为业，不可靠他吃饭"，认为"此语最有道理，今亦当守此二

1　檀作文译注.曾国藩家书（中）[M].北京：中华书局，2017：994.
2　檀作文译注.曾国藩家训[M].北京：中华书局，2020：62.
3　檀作文译注.曾国藩家书（上）[M].北京：中华书局，2017：114.
4　檀作文译注.颜氏家训[M].北京：中华书局，2011：36.
5　檀作文译注.颜氏家训[M].北京：中华书局，2011：182.

语为命脉"，要求四弟曾国潢"在作田上用些工夫，而辅之以'书蔬鱼猪，早扫考宝'八字。任凭家中如何贵盛，切莫全改道光初年之规模"[1]。可见农业和吃饭问题在古人眼中是何等重要，古人对物质基础的认识可谓得其要旨。

观之今日，重农仍然是不可抛弃的基本治国方略和民族发展保障，粮食安全仍然是应当予以高度重视的国家安全范畴之一。"坚持中国人的饭碗任何时候都要牢牢端在自己手中，饭碗主要装中国粮"[2]，这是在国家层面对国家安全和民族发展最基本物质基础的顶层设计，而解决"三农"问题的各项举措，就是其具体落实方略。每一个家庭和个人，也应当高度重视农业，普遍开展劳动教育和节约粮食教育，为巩固国家民族发展的物质基础贡献一份力量。

第三节　家庭基础

孟子曰："道在迩而求诸远，事在易而求诸难：人人亲其亲、长其长，而天下平。"[3]家庭是奋斗者的坚强后盾。没有家庭的庇护抚养，奋斗者难以成长，没有家庭的支持鼓励，奋斗者难以行远，而家庭成员间相亲相爱、和睦相处、互相护持，则是个人成功、家庭兴旺的基础保障。家庭对奋斗者的深远影响从曾国藩的经历中可见一斑，道光十八年（1838 年），曾国藩 28 岁，考中进士并改翰林院庶吉士后荣归故里，其父竹亭公治酒款客，大宴之后，曾国藩祖父星冈公告诫竹亭公："吾家以农为业，虽富贵，毋失其旧。彼为翰林，事业方长，吾家中食用无使关问，以累其心。"[4]从此以后，曾国藩在京师为官十多年"未尝知有家累也"。家庭在曾国藩事业起步阶段的鼎力支持，为其奋斗之路奠定了良好基础，所以曾国藩一生对祖父星冈公崇敬有加，在家书中反复提及星冈公的治家之法和谆谆教诲，是星冈公真有高识见也。奋斗者在构筑家庭基础中，应当深刻理解并做到三个方面：一是家和福自生，二是家教筑根基，三是善待亲友邻。

一、家和福自生

孟子曰："夫人必自侮，然后人侮之；家必自毁，而后人毁之；国必自伐，而后人伐之。《太甲》曰：'天作孽，犹可违；自作孽，不可活。'此之谓也。"[5]

1　檀作文译注.曾国藩家书（下）[M].北京：中华书局，2017：2008–2009.
2　中共中央 国务院关于做好2022年全面推进乡村振兴重点工作的意见 [M].北京：人民出版社，2022.
3　杨伯峻译注.孟子译注 [M].北京：中华书局，2010：158.
4　黎庶昌，王定安等撰.曾国藩年谱（附事略、荣哀录）[M].长沙：岳麓书社，2017：7.
5　杨伯峻译注.孟子译注 [M].北京：中华书局，2010：155.

揭示出人、家、国之败均必先源于内部的真理。因此，曾国藩认为"夫家和则福自生"[1]，具体而言，则包含着正确处理父母子女、兄弟姊妹、宗族姻亲之间的各种关系，形成互敬互爱、互谅互让、互帮互助的良性家庭氛围和发展环境。

孝悌为家和之本。孔子的高徒有若主张"君子务本，本立而道生"，认为"孝弟也者，其为仁之本与！"[2]在儒家伦理思想中，孝悌为个人修习仁德之基，也是齐家、治国、平天下之本。曾国藩提出："孝友为家庭之祥瑞"，认为"凡所称因果报应，他事或不尽验，独孝友则立获吉庆，反是则立获殃祸，无不验者。"[3]

一是孝敬父母则家必顺。何为"孝"？从字义上看，《说文解字》云："孝，善事父母者。从老省，从子，子承老也。"[4]表达的是老人与子女的关系，可理解为子女善事父母，顺承尊崇父母就是孝。魏长贤在《复亲故书》中提出"夫孝则竭力所生"[5]，认为孝就会尽力侍奉父母。但司马谈认为侍奉父母并不是孝的全部，他在给儿子司马迁的遗命中指出"且夫孝始于事亲，中于事君，终于立身。扬名于后世，以显父母，此孝之大者"[6]，认为最大的孝是"扬名于后世，以显父母"。王昶则提出"夫人为子之道，莫大于宝身全行，以显父母"[7]，认为身为人子，必须努力做到爱惜身体、完善德行、显扬父母三个方面，才可以称得上是全面的孝行。

《论语》对"孝"做了更为多维的解释：一是继父母之志，在《论语》的评价体系中，"三年无改于父之道，可谓孝矣。"[8]"孟庄子之孝也，其他可能也；其不改父之臣与父之政，是难能也。"[9]对父母志向和成规的继承，被孔子视为孝的重要内容。二是事父母以礼，孟懿子问孝，子曰"无违"，孔子后来向樊迟解释，"无违"就是要"生，事之以礼；死，葬之以礼，祭之以礼"[10]。孟子则持"养生者不足以当大事，惟送死可以当大事"[11]的观点，认为仅仅养活父母不

1 檀作文译注.曾国藩家书（上）［M］.北京：中华书局，2017：161.
2 杨伯峻译注.论语译注（简体字本）［M］.北京：中华书局，2017：2.
3 檀作文译注.曾国藩家训［M］.北京：中华书局，2020：461.
4 汤可敬译注.说文解字（二）［M］.北京：中华书局，2018：1720.
5 诸葛亮，范仲淹著.余进江选编译注.历代家训名篇译注［M］.上海：上海古籍出版社，2020：152.
6 诸葛亮，范仲淹著.余进江选编译注.历代家训名篇译注［M］.上海：上海古籍出版社，2020：5.
7 诸葛亮，范仲淹著.余进江选编译注.历代家训名篇译注［M］.上海：上海古籍出版社，2020：45.
8 杨伯峻译注.论语译注（简体字本）［M］.北京：中华书局，2017：9，56.
9 杨伯峻译注.论语译注（简体字本）［M］.北京：中华书局，2017：287.
10 杨伯峻译注.论语译注（简体字本）［M］.北京：中华书局，2017：17.
11 杨伯峻译注.孟子译注［M］.北京：中华书局，2010：174.

算什么大事情，只有给父母送终才算大事。在这一点上，曾国藩可谓是典范，他在家书中一再叮嘱家人给祖父母和父母置办的寿具年年加漆，所需费用一律由自己从京城寄回，并且告诫"此事万不可从俭"，认为"子孙所为报恩之处，惟此最为切实，其余皆虚文也"[1]。并且在处理家庭事务时，曾国藩也特别讲究事父母以礼的原则，仅仅因为六弟在家书中评价家事"荒芜已久，甚无纪律"两句话，曾国藩就回信狠狠斥责六弟，告诫其"臣子于君亲，但当称扬善美，不可道及过错；但当谕亲于道，不可疵议细节"，并要求曾国华"接到此信，立即至父亲前磕头，并代我磕头请罪"[2]。当他"又闻四妹起最晏，往往其姑反服事他"时，认为此为反常折福的大不孝之事，要求弟弟们"必须时劝导之，晓之以大义"，教育四妹要孝敬公婆。[3]三是不贻亲忧，不仅要做到"父母唯其疾之忧"[4]，即父母只用担心孝子的疾病，而不必担心孝子会为非作歹；还要做到"父母在，不远游，游必有方"[5]。不让父母因自己常年在外游历或去向不明而提心吊胆；曾国藩则在不贻亲忧的同时，还以为父母分忧的方式尽孝，他曾对友人讲："余欲尽孝道，更无他事，我能教诸弟进德业一分，则我之孝有一分；能教诸弟进十分，则我孝有十分；若全不能教弟成名，则我大不孝矣。"[6]并且常以未能多为父母分忧而感到自责，认为："盖父亲以其所知者尽以教我，而我不能以吾所知者尽教诸弟，是不孝之大者也。"[7]曾国藩不仅自己这样做，还教育儿子要为岳父母分忧尽孝，其子曾纪泽的妻兄贺少庚早逝，曾国藩就在家书中告诫曾纪泽："尔当常常寄信与尔岳母，以慰其意。每年至长沙走一二次，以解其忧。"[8]四是敬爱父母，孔子批评那些认为尽孝仅限于能够养活爹娘的观点，发出"至于犬马，皆能有养；不敬，何以别乎？"[9]的质问，认为从内心深处敬爱父母才是真正的孝；敬爱父母就要在侍奉父母时脸色和顺，所以子夏问孝，孔子说"色难"[10]，儿女在父母面前经常有愉悦的容色是一件难事，以敬爱父母之心努力做到和颜悦色就是孝的表现；敬爱父母还体现在以正确的方式对待、劝诫父母的过失，孟子曰："不孝

1　檀作文译注.曾国藩家书（上）[M].北京：中华书局，2017：79.
2　檀作文译注.曾国藩家书（上）[M].北京：中华书局，2017：169.
3　檀作文译注.曾国藩家书（上）[M].北京：中华书局，2017：147.
4　杨伯峻译注.论语译注（简体字本）[M].北京：中华书局，2017：18.
5　杨伯峻译注.论语译注（简体字本）[M].北京：中华书局，2017：56.
6　檀作文译注.曾国藩家书（上）[M].北京：中华书局，2017：135.
7　檀作文译注.曾国藩家书（上）[M].北京：中华书局，2017：114—115.
8　檀作文译注.颜氏家训[M].北京：中华书局，2011：57.
9　杨伯峻译注.论语译注（简体字本）[M].北京：中华书局，2017：19.
10　杨伯峻译注.论语译注（简体字本）[M].北京：中华书局，2017：20.

有三，无后为大。"赵岐注云："于礼有不孝者三者，谓阿意屈从，陷亲不义，一不孝也；家贫亲老，不为禄仕，二不孝也；不娶无子，绝先祖祀，三不孝也。"[1]古人认为，如果父母有过失，而子女不劝诫，就将陷父母于不仁不义之地，是一种不孝的行为。但是，劝诫父母不可颐指气使、横加指责，正确的方式应当是"事父母几谏，见志不从，又敬不违，劳而不怨"[2]，即要婉言劝谏，如果意见没有被听从，可以再进行劝诫，即便最终未能改变父母的心意，那么子女依然要恭敬地对待父母，而不去触犯他（她）们的尊严，虽然劳心费力，但不可存怨恨之心。五是关心父母，子曰："父母之年，不可不知也。一则以喜，一则以惧。"[3]要关心父母的年龄和身体健康，为他（她）们健康长寿而高兴，为他（她）们疾病年老而忧愁。曾国藩名位渐显后，父祖依然健在，可谓门祚鼎盛，但是面对年事已高的父祖，他常常担心事业过于盈满而有损父祖，因此自名其书舍曰"求阙斋"，取"求阙于他事，而求全于堂上"之义[4]，希望以此回报父祖养育之恩。当然孝敬父母还包括在生活上照顾父母，以荐旨甘、奉轻暖、晨昏定省、冬温夏清、有事弟子服其劳等方式使父母丰衣足食、身心舒畅。但即便如此，也仍然是"谁言寸草心，报得三春晖"[5]。面对父母亲恩，袁采认为"子虽终身承颜致养，极尽孝道，终不能报其少小爱念抚育之恩"，他告诫那些不能尽孝道者，"请观人之抚育婴孺，其情爱如何，终当自悟"[6]。以孝道事亲，则父母子女关系融洽，长幼有序，长不失其慈爱威严，幼不失其恭敬关怀，家庭秩序运转自然顺畅，家道自然昌盛兴旺。

但是在尽孝过程中，应当力戒"愚孝"思想。《孔子家语》六本篇中记录了孔子斥责曾参愚孝行为的故事，曾参因耘瓜误斩其根，其父曾皙怒而用大杖击其背，导致曾参倒地昏迷了很长时间，结果曾参苏醒后反而高兴地弹琴唱歌，想告诉父亲自己身体无恙，孔子听说此事后非常生气，告诫曾参应当学习舜"小棰则待过，大杖则逃走"的事父原则，斥责曾参"委身以待暴怒，殪而不避"的行为是"既身死而陷父于不义"，认为这不仅不是孝行，反而是大不孝的表现，并质问曾参"汝非天子之民也，杀天子之民，其罪奚若？"[7]可见，孝敬父母并非事

1 杨伯峻译注.孟子译注［M］.北京：中华书局，2010：167.
2 杨伯峻译注.论语译注（简体字本）［M］.北京：中华书局，2017：55.
3 杨伯峻译注.论语译注（简体字本）［M］.北京：中华书局，2017：56.
4 黎庶昌，王定安等撰.曾国藩年谱（附事略、荣哀录）［M］.长沙：岳麓书社，2017：12.
5 喻守真编著.唐诗三百首详析（简体本）［M］.北京：中华书局，2005：60.
6 袁采，朱柏庐著.陈延斌，陈姝瑾译注.袁氏世范 朱子家训［M］.南京：江苏人民出版社，2019：27.
7 王国轩，王秀梅译注.孔子家语［M］.北京：中华书局，2011：192.

事顺从父母，而应当有大是大非的判断原则，切不可拘泥小情而害大义。王祥在《训子孙遗令》中引用"高柴泣血三年，夫子谓之愚。闵子除丧出见，援琴切切而哀，仲尼谓之孝"的典故，告诫子孙"哭泣之哀，日月降杀；饮食之宜，自有制度"[1]，说明孝由心生，以礼节哀，不可为行"愚孝"而伤身。

正所谓"树欲静而风不停，子欲养而亲不待，往而不来者年也，不可再见者亲也"[2]，所以行孝须及时。范仲淹就因早年家贫未能厚养母亲而倍感伤怀，在给晚辈的家书中嗟叹："今而得厚禄，欲以养亲，亲不在矣。汝母已早世，吾所最恨者，忍令若曹享富贵之乐也。"[3]元稹也在给侄子的信中感叹对父母的奉养之日太短："故李密云'生愿为人兄，得奉养之日长'，吾每念此言，无不雨涕。"[4]今世之人，尤当注意养亲之事，由于社会经济压力和个人原因，部分成年人不仅未能养亲，反而在生活上依靠父母"啃老"；还有部分儿女常年在外，一年难得回家探望父母一次，养亲更多的是给予金钱帮助，但缺乏亲情温暖；更有甚者对父母不尽赡养义务甚至遗弃父母。这些行为与古人及时养亲的思想格格不入，也造成部分人在醒悟过来后，却产生"子欲养而亲不待"的终身遗憾。因此，从当下做起，从小事做起，及时以各种方式孝敬父母，回报父母的养育之恩，是每一位当代人都应具备的自觉意识和基本道德责任。

二是兄弟和睦则家必兴。"悌，善兄弟也，从心从弟。"[5]兄弟和睦即为"悌"。曾国藩深知"兄弟和，虽穷氓小户必兴；兄弟不和，虽世家宦族必败"的治家大道，因此高度重视兄弟关系，提出"以和睦兄弟为第一"[6]。并且经常对此进行自我反思，在其47岁时还因"去年在家争辨细事，与乡里鄙人无异，至今深抱悔憾，故虽在外，亦恻然寡欢"[7]。颜之推认为兄弟和睦以共御外辱是兴家之基，指出"兄弟不睦，则子侄不爱；子侄不爱，则群从疏薄；群从疏薄，则僮仆为仇敌矣。如此，则行路皆踏其面而蹈其心，谁救之哉！"，况且"人或交天下之士，皆有欢爱""或将数万之师，得其死力"[8]，但却失敬于兄、失恩于弟，这种能够与

1 诸葛亮，范仲淹著.余进江选编译注.历代家训名篇译注［M］.上海：上海古籍出版社，2020：37.
2 王国轩，王秀梅译注.孔子家语［M］.北京：中华书局，2011：84.
3 诸葛亮，范仲淹著.余进江选编译注.历代家训名篇译注［M］.上海：上海古籍出版社，2020：189.
4 诸葛亮，范仲淹著.余进江选编译注.历代家训名篇译注［M］.上海：上海古籍出版社，2020：170.
5 穆士虎.中国古代"尊崇"孝悌伦理文化考释——基于古汉字字形、字义内涵为视角［J］.安顺学院学报，2015，17(5):30-32，82.
6 檀作文译注.曾国藩家书（上）［M］.北京：中华书局，2017：185.
7 檀作文译注.曾国藩家训［M］.北京：中华书局，2020：63.
8 檀作文译注.颜氏家训［M］.北京：中华书局，2011：22.

众人相处融洽，却不能与一两个兄弟和谐共处，能够对关系疏远之人广施恩惠，却对骨肉兄弟薄情寡义的行为，是何其的愚蠢和无知，更何谈家业的兴旺发达。

曾国藩不仅自己亲行悌道，还教育子孙要兄弟友爱和睦，认为"君子之道，莫大乎与人为善，况兄弟乎？"他告诫长子曾纪泽作为"下辈之长"，要"常常存个乐育诸弟之念"[1]，要求他与亲表兄弟之间"亲之欲其贵，爱之欲其富""以德业相劝、过失相规，期于彼此有成，为第一要义。"[2]杨椿自己身体力行"同盘而食""不异居、异财"的兄弟友爱之道，并以此告诫子孙要友爱兄弟，认为子孙辈如果"时有别斋独食者，此又不如吾等一世也"[3]。

在曾国藩看来，兄弟不和最大的原因在于不能互相谅解，甚至在父母和宗族乡党面前暗用机计，互相争斗，必欲"使自己得好名声，而使其兄弟得坏名声"。他以家乡刘大爷、刘三爷兄弟二人因"皆想做好人，卒至视如仇雠"的事例，说明应当保持"兄以弟得坏名为忧，弟以兄得好名为快"的心态，兄弟之间"各各如此存心，则亿万年无纤芥之嫌矣"[4]。咸丰八年（1858年）十一月，曾国藩六弟曾国华随湘军李续宾部转战三河镇，被太平军全军歼灭，曾国华战死。遭此大变，曾国藩在给兄弟的两次书信中，沉痛反思"去年兄弟不和，以致今冬三河之变"[5]，认为完全印证了"和气致祥，乖气致戾"的道理，教训十分惨痛，因此他告诫兄弟们"嗣后我兄弟当以去年为戒，力求和睦"[6]，要求兄弟之间若一人有过失，则其他人均应各进箴规之言，有过者则力为惩改。

袁采认为，在兄弟关系中，"长者宜少让，幼者宜自抑。为父母者又须觉悟稍稍回转，不可任意而行，使长者怀怨而幼者纵欲，以致破家"[7]。兄弟和睦虽然少不了兄弟之间的互相忍让，但父母也要因势利导，起到缓和化解矛盾的作用，不能去激化矛盾，否则将招致破家之灾。

张英则从人生喜乐的角度论述了兄弟和睦的重要性，他引用法昭禅师的偈语："同气连枝各自荣，些些言语莫伤情。一回相见一回老，能得几时为弟兄？"提出"人伦有五，而兄弟相处之日最长""若恩意浃洽，猜间不生，其乐岂有涯

1　檀作文译注.曾国藩家训［M］.北京：中华书局，2020：48.
2　檀作文译注.曾国藩家训［M］.北京：中华书局，2020：462.
3　诸葛亮，范仲淹著．余进江选编译注.历代家训名篇译注［M］.上海：上海古籍出版社，2020：123.
4　檀作文译注.曾国藩家书（上）［M］.北京：中华书局，2017：163.
5　檀作文译注.曾国藩家书（中）［M］.北京：中华书局，2017：1132.
6　檀作文译注.曾国藩家书（中）［M］.北京：中华书局，2017：1128.
7　袁采，朱柏庐著.陈延斌，陈姝瑾译注.袁氏世范 朱子家训［M］.南京：江苏人民出版社，2019：39.

哉？"的观点[1]，认为人的一生中，兄弟是相伴时间最长的人，若兄弟感情和睦，那么人生也就可以得到最长久的快乐。

三是心无偏私则家必正。同居贵怀公心，心中无偏私，行为不偏向，则家风必正，家庭必和。

在财物方面，要讲究公平，封建大家族往往聚族而居，既有私财也有家族公财，而家庭不和往往就从财物分配不均或私窃公财开始，以致"有一人设心不公"，则"其他心不能平，遂启争端，破荡家产，驯小得而致大患"。而如果"长必幼谋，幼必长听，各尽公心"，则自然无争。[2]在遗产处理上，"若父祖出于公心，初无偏曲，子孙各能勤力，不事游荡，则均给之后，既无争讼，必至兴隆"[3]。这在现代社会也同样适用，正所谓"不患寡而患不均，不患贫而患不安"，只有家庭成员在对待财物方面，人人都秉持一颗公心，才能使家庭"均无贫，和无寡，安无倾"[4]。

在人格方面，要互相尊重，平等对待，封建社会男尊女卑、重男轻女、重子婿轻儿媳的思想盛行，但有识之士往往反对这种不良社会风气，提倡在家庭中男女平等、相互尊重。颜之推认为："妇人之性，率宠子婿而虐儿妇。宠婿，则兄弟之怨生焉；虐妇，则姊妹之谗行焉。"不能平等对待家人，就会导致怨念谗言丛生，家庭自然也难以和睦，他根据民谚"落索阿姑餐"的说法，说明"女之行留，皆得罪于其家者，母实为之。"[5]认为如果女儿在娘家、婆家都得罪家人，主要原因就是当母亲的不能对子婿和儿妇平等对待，一视同仁。袁采也主张对儿子女儿要平等对待，针对嫁女是否给嫁妆的问题，提出"嫁女须随家力，不可勉强。然或财产宽余，亦不可视为他人，不以分给"，认为如果家庭财产有宽裕，也应当分与女儿，不可视为路人，他从"今世固有生男不得力而依托女家，及身后葬祭皆由女子者"的社会现象推演，告诫世人"岂可谓生女之不如男也？"同时，袁采对女子在娘家和婆家间"劫富济贫"的行为表示理解，认为这主要是因为女子最有同情心，想救济较为穷困的一方而已，对此应当予以宽容。[6]针对世人因重男轻女而溺杀女婴的行为，颜之推予以强烈抨击，他指出"然天生烝民，

1　张英，张廷玉著．张舒，丛伟point注．陈明审校．父子宰相家训［M］．北京：新星出版社，2015：52-53.
2　袁采，朱柏庐著．陈延斌，陈姝瑾译注．袁氏世范 朱子家训［M］．南京：江苏人民出版社，2019：43.
3　袁采，朱柏庐著．陈延斌，陈姝瑾译注．袁氏世范 朱子家训［M］．南京：江苏人民出版社，2019：96.
4　杨伯峻译注．论语译注（简体字本）［M］．北京：中华书局，2017：245.
5　檀作文译注．颜氏家训［M］．北京：中华书局，2011：44.
6　袁采，朱柏庐著．陈延斌，陈姝瑾译注．袁氏世范 朱子家训［M］．南京：江苏人民出版社，2019：92.

先人传体，其如之何？世人多不举女，贼行骨肉，岂当如此，而望福于天乎？”[1]
如果恣意杀害亲生骨肉，不仅有违上天好生之德，而且违背人之亲情伦常，做出
如此悖德悖伦之事，怎么可能得到上天的赐福庇佑呢？

四是直曲有道则家必宁。曾国华在家信中提出"于兄弟则直达其隐，父子祖
孙间不得不曲致其情"的观点，曾国藩对此大为赞赏，认为此前对待家人"每自
以为至诚可质天地，何妨直情径行"的观念有误，"昨接四弟信，始知家人天亲
之地，亦有时须委曲以行之者"[2]。袁采也主张"子之于父，弟之于兄，犹卒伍
之于将帅，胥吏之于官曹，奴婢之于雇主，不可相视如朋辈，事事欲论曲直"[3]。
正如《菜根谭》所归纳的一样："处父兄骨肉之变，宜从容，不宜激烈"[4]，"家
人有过，不宜暴扬，不宜轻弃。此事难言，借他事而隐讽之；今日不悟，俟来日
正警之。如春风之解冻、和气之消冰，才是家庭的型范"[5]。这也正是孔子"事
父母几谏"的真义所在。所谓"清官难断家务事"，家庭生活的复杂性、琐碎性
和情感性，决定了家庭往往不是辨理之地，家人相处往往不能直行无忌，以张弛
有度、直曲有道、理解宽容原则的处理家庭关系，才是家庭长久安宁之法。

总之，处理家庭关系的总原则应当是"以和为贵"，要"常存休戚一体之念，
无怀彼此歧视之见"[6]，以"直曲有道"的方式确保家事顺、家业兴、家风正、
家人宁，如此一来，则家庭必然能够和气致祥，福泽绵长，奋斗者的家庭基础也
就更加坚实深厚。

二、家教筑根基

"家庭是社会的基本细胞，是人生的第一所学校。"[7]"家庭是孩子的第一
个课堂，父母是孩子的第一个老师。"[8]家庭教育是人生成长的起点，也是培育
奋斗者根基最重要的环节，家教严明，教育内容正确，教育方式得法，则奋斗者
的根基就宽广牢固，奋斗之路就更能行稳致远。

一是家教严明正规矩。中国自古以来就讲究"家国同构""家国一体"，因
此齐家与治国同理，齐家之法与治国之法相通。颜之推认为"治家之宽猛，亦犹

1 檀作文译注.颜氏家训［M］.北京：中华书局，2011：43.
2 檀作文译注.曾国藩家书（上）［M］.北京：中华书局，2017：202.
3 袁采，朱柏庐著·陈延斌，陈姝瑾译注.袁氏世范 朱子家训［M］.南京：江苏人民出版社，2019：21.
4 杨春俏译注.菜根谭［M］.北京：中华书局，2016：204.
5 杨春俏译注.菜根谭［M］.北京：中华书局，2016：191.
6 檀作文译注.曾国藩家训［M］.北京：中华书局，2020：63.
7 习近平.在2015年春节团拜会上的讲话［N］.人民日报，2015-02-18(2).
8 习近平著.习近平谈治国理政（第1卷）［M］.北京：外文出版社，2018：184.

国焉"[1]，袁采认为"居家居官本一理"，提出"居家当如居官，必有纲纪"[2]。张廷玉高度赞赏程汉舒"一家之中，老幼男女无一个规矩礼法，虽眼前兴旺，即此便是衰败景象"的说法，认为这是"治家训子弟之药石也"[3]。正如颜之推所言"笞怒废于家，则竖子之过立见"[4]，一家之中无规矩法度，没有严明的家教，必然不能整肃门庭，家庭成员无家教约束，则恣意妄为，必至败德破家。家教严明重在两个方面：

第一，治家须谨肃。张廷玉认为："治家之道，谨肃为要。"[5]《易经·家人卦》中说："九三，家人嗃嗃，悔厉吉；妇子嘻嘻，终吝。"其《象传》解释为"'家人嗃嗃'，未失也；'妇子嘻嘻'，失家节也。"[6]行刚严之家政，虽然可能因失于严苛导致有悔恨危险之事，但是最终家庭会得到吉祥，而如果放任自流，不以礼节制家人，最终家庭就会招致灾难。颜之推以两个实例，证明《易经》所言不虚：一是王僧辩之母魏夫人以严正家教成就王僧辩勋业的实例，当王僧辩"为三千人将，年逾四十"之时，王母仍然是"少不如意，犹捶挞之"，所以最终成就王僧辩一生勋业；二是梁元帝时，一学士因家教不严导致死于非命的实例，这个学士的父亲对他宠爱有加而失于教义，"一言之是，遍于行路，终年誉之；一行之非，掩藏文饰，冀其自改"。结果导致其"年登婚宦，暴慢日滋，竟以言语不择，为周逖抽肠衅鼓云"[7]。颜之推反对当时所谓名士为求宽仁之名，而不严明治家的做法，认为这样做的结果导致"至于饮食饷馈，僮仆减损，施惠然诺，妻子节量，押侮宾客，侵耗乡党"[8]，必然成为家庭的一个巨大隐患。

明末大儒吕坤提出"家人之害，莫大于卑幼各恣其无厌之情，而上之人阿其意而不之禁；尤莫大于婢子造言而妇人悦之，妇人附会而丈夫信之"，认为恣无厌之情而上不禁止，制造谣言而上轻信之，是引起家庭不和的两大祸害源泉，皆是家教不严所致，若能"禁此二害，而家不和睦者，鲜矣！"[9]

袁采认为父祖应当常常了解关防家中子弟的日常行为，时刻以严明的家教予以约束规范。特别是贵官显宦之家的长辈尤须注意，因为"富家之子孙不肖，不

1　檀作文译注.颜氏家训［M］.北京：中华书局，2011：35.
2　袁采，朱柏庐著.陈延斌，陈姝瑾译注.袁氏世范 朱子家训［M］.南京：江苏人民出版社，2019：169-170.
3　张英，张廷玉著.张舒，丛伟注.陈明审校.父子宰相家训［M］.北京：新星出版社，2015：119.
4　檀作文译注.颜氏家训［M］.北京：中华书局，2011：35.
5　张英，张廷玉著.张舒，丛伟注.陈明审校.父子宰相家训［M］.北京：新星出版社，2015：66.
6　杨天才，张善文译注.周易［M］.北京：中华书局，2011：334-335.
7　檀作文译注.颜氏家训［M］.北京：中华书局，2011：11.
8　檀作文译注.颜氏家训［M］.北京：中华书局，2011：38.
9　张英，张廷玉著.张舒，丛伟注.陈明审校.父子宰相家训［M］.北京：新星出版社，2015：142.

过耽酒、好色、赌博、近小人，破家之事而已"。而贵宦之子孙，则可能打着父祖的旗号在外干违纪违法甚至犯罪之事，以致"不恤误其父祖陷于刑辟也"，所以"为人父祖者，宜知此事，常关防，更常询访，或庶几焉"[1]。

观之当代社会，家教不严明导致个人和家庭灾难的现象依然存在，"从近年来查处的腐败案件看，家风败坏往往是领导干部走向严重违纪违法的重要原因"。"在查处的违纪违法干部身上都有一个特点，就是'裙带腐败'、'衙内腐败'体现得淋漓尽致，老子为官不正带坏了配偶子女，配偶子女不端最终把老子拉下水。"[2]家教严明，首先治家者自身要行得正、坐得端，正所谓"心术不可得罪于天地，言行要留好样与儿孙"[3]。上行下效，自然家风纯正；其次治家者要时常查访家人的言行举止，及时予以纠偏，否则酿成大祸而不自知，难免被牵连乃至破家，"要操这点心，家里那点事有时不经意可能就溜过去了，要留留神，防微杜渐，不要护犊子"[4]的告诫可谓至理名言。

第二，严慈须相济。家教以中为宜，不可失之过宽，也不可操之过严。正所谓"父子之严，不可以狎；骨肉之爱，不可以简。简则慈孝不接，狎则怠慢生焉"[5]。家庭既要有纲纪，也要有温情，纲纪使人立志力行，温情则滋心养性。有慈爱而无严教，则萧墙之祸顷刻便至，北齐琅琊王高俨为父母所宠爱，恣意妄为而父母不禁，最终被其兄高纬赐死，治家者要以严明之家教，防止出现类似共叔段、州吁、高俨等祸起萧墙的家门之灾。[6]但家法过于严苛，也恐生家门之变，颜之推对此以实例明之："梁孝元世，有中书舍人，治家失度，而过严刻。妻妾遂共货刺客，伺醉而杀之。"[7]

现代社会"严管厚爱"仍然是家教的不二法门，但失于宽或苛于严的现象仍然频发。有的家庭溺爱纵容子女，有所求则必应，有所过则必掩，自小便"恣其所欲，宜诫翻奖，应诃反笑"[8]，子女的规矩意识、法治意识淡漠，长大后没有正确的行为规范和价值观念，以非为是、以恶为善、以丑为美，败德败家者有之，

1 袁采，朱柏庐著．陈延斌，陈姝瑾译注．袁氏世范 朱子家训［M］．南京：江苏人民出版社，2019：66.
2 中共中央党史和文献研究院编．习近平关于注重家庭家教家风建设论述摘编［M］．北京：中央文献出版社，2021：58.
3 中华书局经典教育研究中心编．增广贤文 格言联璧（诵读本）［M］．北京：中华书局，2014：104.
4 中共中央党史和文献研究院编．习近平关于注重家庭家教家风建设论述摘编［M］．北京：中央文献出版社，2021：54.
5 檀作文译注．颜氏家训［M］．北京：中华书局，2011：12.
6 檀作文译注．颜氏家训［M］．北京：中华书局，2011：14.
7 檀作文译注．颜氏家训［M］．北京：中华书局，2011：37.
8 檀作文译注．颜氏家训［M］．北京：中华书局，2011：7.

伤风败俗者有之，违法违纪者有之，身陷囹圄甚至死于刑戮者亦有之，何其可悲可叹也！有的家庭则反其道而行之，为求"子成龙、女成凤"，或遇己之不快，动辄打骂，或不恤身心健康，唯责学业，或唯以己意行事，不虑子女意愿，如此一来，家庭不和者有之，子女自闭、抑郁、叛逆者有之，自伤、自残、自杀者有之，甚至杀父弑母者亦有之。溺爱苛责在夫妻间也同样存在，导致的问题与父母子女之事大约类似，在此不予赘述。

二是诗书传家明德行。中国人自古以来就将"诗书传家远，耕读继世长"奉为家门立世之圭臬。曾国藩多次在家书中表明"吾不望代代得富贵，但愿代代有秀才"[1]，"凡人多望子孙为大官，余不愿为大官，但愿为读书明理之君子"[2]。张英告诫子孙"予之立训，更无多言，止有四语：读书者不贱，守田者不饥，积德者不倾，择交者不败"[3]，袁采提出"士大夫之子弟，苟无世禄可守，无常产可依，而欲为仰事俯育之计，莫如为儒"[4]。可见，历代圣贤达士均将读书作为个人修德修行之要道，家族发展之种子，家道兴盛之基石。曾国藩切望儿子读书学问过己，反复向儿子述说"吾虽不及怀祖先生，而望尔为伯申氏甚切也"[5]的愿望。北周灭北齐，颜之推家族被迫迁移至关内，面对"朝无禄位，家无积财"的窘境，其子颜思鲁请求辍学求职养家，并向父亲述说"每被课笃，勤劳经史，未知为子，可得安乎？"的不安心情，颜之推却告诫他"子当以养为心，父当以学为教。使汝弃学徇财，丰吾衣食，食之安得甘？衣之安得暖？若务先王之道，绍家世之业，藜羹缊褐，我自欲之"[6]。表明期望子孙诗书传家，明先王之道，绍家世之业的愿望，即便自己因此粗茶淡饭、衣裳简朴也毫无怨言。张英揭示了读书的重要价值："读书固所以取科名，继家声，然亦使人敬重。"[7]"虽至寒苦之人，但能读书为文，必使人钦敬，不敢忽视。其人德性亦必温和，行事决不颠倒，不在功名之得失，遇合之迟速也。"[8]何以古今均以读书为第一要事？概而言之，一则读书可以求取功名，光耀门楣，以继家声；二则读书使人德行高尚，聪敏智慧，受人钦敬。

三是勤俭持家戒骄奢。中华民族历来以勤俭节约为美德，在家教中也向来重视节俭，反对骄奢。李商隐《咏史》诗云："历览前贤国与家，成由勤俭破由奢。"

1　檀作文译注.曾国藩家书（下）[M].北京：中华书局，2017：1946-1947.
2　檀作文译注.曾国藩家训[M].北京：中华书局，2020：10.
3　张英、张廷玉著.张舒，丛伟注.陈明审校.父子宰相家训[M].北京：新星出版社，2015：41.
4　袁采、朱柏庐著.陈延斌，陈姝瑾译注.袁氏世范 朱子家训[M].南京：江苏人民出版社，2019：170.
5　檀作文译注.曾国藩家训[M].北京：中华书局，2020：43.
6　檀作文译注.颜氏家训[M].北京：中华书局，2011：125.
7　张英、张廷玉著.张舒，丛伟注.陈明审校.父子宰相家训[M].北京：新星出版社，2015：47.
8　张英、张廷玉著.张舒，丛伟注.陈明审校.父子宰相家训[M].北京：新星出版社，2015：41.

可谓至论。曾国藩高度重视保持"寒士家风",他认为"凡世家子弟,衣食起居无一不与寒士相同,庶可以成大器。若沾染富贵气习,则难望有成"[1]。其身居将相之高位,但全身衣服不值三百金,女儿出嫁则"向定妆奁之资二百金",并告诫子孙"居家之道,惟崇俭可以长久。处乱世尤以戒奢侈为要义"[2],要求"内间姒娣不可多写铺帐。后辈诸儿须走路,不可坐轿骑马。诸女莫太懒,宜学烧茶、煮菜"认为,"勤者,生动之气。俭者,收敛之气。有此二字,家运断无不兴之理"[3]。对于兄弟花费大量银钱置地造房建祠的做法,曾国藩多有劝诫,指出"不特家常用度宜俭,即修造公费,周济人情,亦须有一'俭'字意思。总之,爱惜物力,不失寒士之家风而已"[4]。同时,曾国藩还告诫兄弟子侄要戒骄气,认为"天地间惟谦谨是载福之道。骄则满,满则倾矣"。在曾国藩看来,骄傲的表现有很多种,"凡动口动笔,厌人之俗,嫌人之鄙,议人之短,发人之覆,皆骄也"[5],"非必锦衣玉食、动手打人,而后谓之骄傲也。但使志得意满,毫无畏忌,开口议人短长,即是极骄极傲耳"[6]。颜之推也持同样的观点,他对那些"一事惬当,一句清巧,神厉九霄,志凌千载,自吟自赏,不觉更有傍人"的骄傲文士给予强烈批评,认为"讽刺之祸,速乎风尘",要"深宜防虑,以保元吉"[7]。对于如何保持"寒士家风",曾国藩开出了良方,即"戒'骄'字,以不轻非笑人为第一义;戒'惰'字,以不晏起为第一义"。[8]

时至今日,戒奢从俭、戒骄戒躁依然是良好家教的重要内容。"勤俭是我们的传家宝,什么时候都不能丢掉。""节约粮食要从娃娃抓起,我们小时候都接受了这方面的严格家教"[8],"周总理就讲过领导干部要过好亲属关的问题,强调不要造出一批少爷,不然对后代不好交代"[9]。因此,继承和发扬优秀传统家风的宝贵精神财富,始终保持勤俭节约作风和务实低调品格,是新时代家风建设的永恒主题。

1 檀作文译注.曾国藩家训[M].北京:中华书局,2020:227.
2 檀作文译注.曾国藩家训[M].北京:中华书局,2020:184.
3 檀作文译注.曾国藩家书(中)[M].北京:中华书局,2017:1133.
4 檀作文译注.曾国藩家书(下)[M].北京:中华书局,2017:1788.
5、8 檀作文译注.曾国藩家书(中)[M].北京:中华书局,2017:1313.
6 檀作文译注.曾国藩家书(中)[M].北京:中华书局,2017:1319.
7 檀作文译注.颜氏家训[M].北京:中华书局,2011:142.
8 中共中央党史和文献研究院编.习近平关于注重家庭家教家风建设论述摘编[M].北京:中央文献出版社,2021:15.
9 中共中央党史和文献研究院编.习近平关于注重家庭家教家风建设论述摘编[M].北京:中央文献出版社,2021:35.

三、善待亲友邻

人类社会自从有家庭以来，除了夫妻和三代直系血亲外，从亲缘来讲，还有旁系血亲和姻亲；从地域来讲，还有邻里乡党；从异姓来讲，"同师曰朋，同志曰友"[1]。作为家庭关系的延伸，亲朋好友、邻里乡党一直以来都是个人和家族奋斗必不可少的基础条件。

曾国藩为官后经济稍微宽裕，即"寄家银一千两，以六百为家中还债之用，以四百为馈赠亲族之用"。其馈赠者中有兰姊、蕙妹、楚善叔、丹阁叔、大舅、通十舅、南五舅等血亲，也有自己的岳家和六弟、九弟之岳家等姻亲，究其本意，主要出于帮扶善待亲友的目的，而之所以如此急迫的给予资助，主要考虑"各亲戚家皆贫而年老者，今不略为饮助，则他日不知何如"[2]。曾国藩不仅善待血亲姻亲，对家族和乡邻也长存扶助之心，自从担任官职以来，曾国藩"即思为曾氏置一义田，以赡救孟学公以下贫民；为本境置义田，以赡救廿四都贫民"[3]，可谓有乡贤之举。对于那些在京的同乡官员或者学子，如果遇到疾患穷窘之事而求助于曾国藩，曾国藩常常是"银钱则量力饮助，办事则竭力经营"[4]。因此，同乡官员、学子普遍赞誉曾国藩为人厚道，这为他今后建立湘军及官宦之途奠定了良好的人脉和声望基础。范仲淹在仕途通达后，也对亲友多有资助，他告诫子侄："自祖宗来积德百余年，而始发于吾，得至大官，若独享富贵而不恤宗族，异日何以见祖宗于地下，今何颜以入家庙乎？"[5]正是曾国藩、范仲淹这种惠泽亲戚、邻里、乡党、朋友的高尚德行，才使他们在人生奋斗之路上走得更加行稳致远。

在有识之士的家教家风中，严厉禁止怠慢亲友乡邻的行为。袁采就将那些区别富贵贫贱而"不能一概礼待乡曲"者视为无知之人，并告诫子孙"殊不知彼之富贵，非我之荣；彼之贫贱，非我之辱，何用高下分别如此！"[6]曾国藩则以"有钱有酒款远亲，火烧盗抢喊四邻"的俗语，告诫子孙不可敬远亲而慢近邻，要求儿子"不可轻慢近邻，酒饭宜松，礼貌宜恭"。除此之外，他还定下尽力帮助

1　徐正英，常佩雨译注. 周礼（上）［M］. 北京：中华书局，2014：226.
2　檀作文译注. 曾国藩家书（上）［M］. 北京：中华书局，2017：230—241.
3　檀作文译注. 曾国藩家书（上）［M］. 北京：中华书局，2017：576.
4　黎庶昌，王定安等撰. 曾国藩年谱（附事略、荣哀录）［M］. 长沙：岳麓书社，2017：12.
5　诸葛亮，范仲淹著，余进江选编译注. 历代家训名篇译注［M］. 上海：上海古籍出版社，2020：189.
6　袁采，朱柏庐著，陈延斌，陈姝瑾译注. 袁氏世范 朱子家训［M］. 南京：江苏人民出版社，2019：104.

邻的原则："除不管闲事、不帮官司外，有可行方便之处，亦无吝也。"[1]杨椿则以"至于亲姻知故，吉凶之际，必厚加赠襚；来往宾僚，必以酒肉饮食。是故亲姻朋友无憾焉"[2]的良好家风，向子孙后代训示家族长盛不衰之道。

孟子曰："爱人不亲，反其仁；治人不治，反其智；礼人不答，反其敬——行有不得者皆反求诸己，其身正而天下归之。"[3]人生的奋斗之路要行得通，就要奉行"己欲立而立人，己欲达而达人"的仁爱之道，善待亲友邻里，为自己和家庭的奋斗之路营造一个良好的环境氛围，善待他人，则他人也必反馈以善意，让他人行得通，则自己的奋斗之路也就更加宽阔。

第四节　师友基础

陆九渊指出："道非难知，亦非难行，患人无志耳。及其有志，又患无真实师友，反相眩惑，则为可惜耳。"[4]立志为奋斗的第一步，但立志之后要坚定志向，就需要良师益友长期辅助夹持了。《礼记·学记》曰："发然后禁，则扞格而不胜；时过然后学，则勤苦而难成；杂施而不孙，则坏乱而不修；独学而无友，则孤陋而寡闻；燕朋逆其师；燕辟废其学。此六者，教之所由废也。"[5]在导致教育失败的六项原因中，有三项都与师傅、朋友相关。其一，"独学而无友，则孤陋而寡闻"，独自学习而没有朋友，就会因缺乏交流切磋而见识浅薄狭隘；其二，"燕朋逆其师"，轻慢朋友的人必然会悖逆师傅的教导，导致失教失友；其三，"燕辟废其学"，孔颖达疏曰："堕学之徒，好亵慢笑师之譬喻，是废学之道也。"如果不尊重老师，常常笑嚎师傅教学的譬喻，那么就会荒废学业。上述三项问题，均揭示出师友在学习和教育过程中的重要意义，而奋斗之路，就是一个不断学习、不断进步、不断实践的过程，奋斗者深刻理解师友对奋斗的重大意义，善择师友，善处师友，才能为实现奋斗目标奠定下坚实的基础。

颜之推赞成《尚书》中"好问则裕"的观点，坚决反对"闭门造车"式的学习方式，并举多个实例说明如果缺乏师友的教导和交流切磋，那么就很难避免错

1　檀作文译注.曾国藩家训［M］.北京：中华书局，2020：440-441.
2　诸葛亮，范仲淹著.余进江选编译注.历代家训名篇译注［M］.上海：上海古籍出版社，2020：123.
3　杨伯峻译注.孟子译注［M］.北京：中华书局，2010：152.
4　诸葛亮，范仲淹著.余进江选编译注.历代家训名篇译注［M］.上海：上海古籍出版社，2020：238.
5　胡平生，张萌译注.礼记（下）［M］.北京：中华书局，2017：703.

误，"见有闭门读书，师心自是，稠人广坐，谬误差失者多矣"[1]。颜之推深刻剖析了古训所谓"膏粱难整"的原因，认为富贵人家及其后嗣之所以品行不端者居多，缺乏良师益友是其重要原因，即所谓"内染贱保傅，外无良师友故耳"[2]。

曾国藩高度重视师友问题，不仅对自己的师友毕生尊敬有加，而且费尽心力地择良师教导弟弟和家中后辈，并就如何择友给予提醒和劝诫。曾国藩多次在家书中强调师友的重要性，"师友夹持，虽懦夫亦有立志。"[3]"盖名师益友，重重夹持，能进不能退也。"[4]"凡人必有师，若无师，则严惮之心不生。""一生之成败，皆关乎朋友之贤否，不可不慎也。"[5]认为在严师益友的夹持之下，有助于促进立志、促进前行、促进达成奋斗目标。他告诫弟弟们"但取明师之益，无受损友之损也"[6]，并列举自己交往的益友倭艮峰、吴竹如、窦兰泉、吴子序、邵慧西、何子贞等人，逐一点评他们的长处和给自己带来的益处，为弟弟们择友提供参考。并且赞赏弟弟交往的益友陈季牧等人，认为"此等好学之友，愈多愈好"[7]。

一、择友朋之方

《论语》中将"乐多贤友"[8]称为三种有益的乐趣之一，并且对"益友"和"损友"进行了定义。孔子曰："益者三友，损者三友。友直，友谅，友多闻，益矣。友便辟，友善柔，友便佞，损矣。"[9]要同正直、信实、见闻广博的益友交往，要避免同谄媚阿谀、当面恭维背后诋毁以及夸夸其谈的损友交往。曾国藩引用韩愈的名言"善不吾与，吾强与之附；不善不吾恶，吾强与之拒"[10]，强调要积极主动地向良师益友求教学习，要坚决彻底地拒绝损友侵染影响。

在如何选择师友的问题上，曾国藩提出"择交是第一要事，须择志趣远大者"[11]的原则。他在家书中向弟弟们现身说法，"兄少时天分不甚低，厥后日与庸鄙者处，全无所闻，窍被茅塞久矣"，"近年得一二良友，知有所谓经学者、经济者、有所谓躬行实践者，始知范、韩可学而至也，马迁、韩愈亦可学而至也，程、朱

1　檀作文译注.颜氏家训［M］.北京：中华书局，2011：126.
2　檀作文译注.颜氏家训［M］.北京：中华书局，2011：300.
3　檀作文译注.曾国藩家书（上）［M］.北京：中华书局，2017：110.
4　檀作文译注.曾国藩家书（上）［M］.北京：中华书局，2017：128.
5　檀作文译注.曾国藩家书（上）［M］.北京：中华书局，2017：179.
6　檀作文译注.曾国藩家书（上）［M］.北京：中华书局，2017：166.
7　檀作文译注.曾国藩家书（上）［M］.北京：中华书局，2017：206.
8　杨伯峻译注.论语译注（简体字本）［M］.北京：中华书局，2017：250.
9　杨伯峻译注.论语译注（简体字本）［M］.北京：中华书局，2017：249.
10　檀作文译注.曾国藩家书（上）［M］.北京：中华书局，2017：179.
11　檀作文译注.曾国藩家训［M］.北京：中华书局，2020：326.

亦可学而至也"[1]。在与良师益友长期交往后，曾国藩的见识更为广博，志向更为高远，人生观、世界观、价值观都随之发生巨大改变，最终成就一番盖世功勋。

观之当代社会，交友不慎造成财产损失、人身伤害、精神伤害的现象仍然频繁发生，对个人、家庭和社会都造成了严重不良影响。青少年群体容易受到不法分子诱惑和不良风气侵袭，极易在狐朋狗友或别有用心之人的引诱下，沾染不良习气甚至走上违法犯罪的道路；单身群体和老年群体，则容易在网络交友等社交活动中，被诈骗分子以交友为名行诈骗之实，导致一生积蓄被骗光甚至债台高筑。一个个触目惊心的案例，无不揭示着谨慎交友的重要性。因此，当代的奋斗者，应当从优秀传统家风中汲取择友朋之方的智慧力量，将择友作为人生第一要事抓实抓好。

二、待师友之法

首先要以尊重敬畏之心对待师友。曾国藩提出"或师或友，皆宜常存敬畏之心，不宜视为等夷，渐至慢亵，则不复能受其益矣"[2]，认为如果对待师友没有一颗敬畏心，那么就容易出现轻慢亵渎的行为，如此一来，则良师益友必然与我渐至疏远，也就再难从他们那里获得有益的教诲指导和交流切磋了。

其次要有"达者为师"的心态涵养。韩愈在《师说》中提出"无贵无贱，无长无少，道之所存，师之所存"的师道原则，不以年龄的长幼、社会地位的贵贱高低来择师，而应以"道之所存"者为师。颜之推具体阐述了"达者为师"的具体做法，"爰及农商工贾，厮役奴隶，钓鱼屠肉，饭牛牧羊，皆有先达，可为师表，博学求之，无不利于事也"[3]，认为即使是社会地位较为低下的群体，如果在某一方面有所专长，也可以作为师事的对象，并向其求教，这样对奋斗者大有裨益。

观之当代社会，在对待师友上出现了两个方面的误区：一是师生关系物质化，一方面，部分家长甚至学生将师生关系理解为拿钱买教育产品的金钱关系，对老师缺乏尊重；另一方面，部分老师将学生作为赚钱工具，自己当起学生的"老板"，丧失了师道尊严。二是朋友关系功利化，部分人为了自己的功利，朋友有难不予援助反相讽辱，朋友有过不加规劝反助其恶，丧失了基本的朋友之义。反观古人对待师友的态度，当世之人当多一层敬畏，少一分亵渎，多一层涵养，少一分势利。

三、无师友则自奋发

师友终究是外援，人最大的力量还是源于自身。况且人生要觅得良师益友颇

1　檀作文译注.曾国藩家书（上）[M].北京：中华书局，2017：174.
2　檀作文译注.曾国藩家书（上）[M].北京：中华书局，2017：203.
3　檀作文译注.颜氏家训[M].北京：中华书局，2011：101.

需机缘，若未能因缘际会得遇明师高朋，就需自己挣扎发愤，克服外界环境的不利影响，贵向自己求，虽处狭隘偏僻之地、孤立无援之境，亦可安身、可立志、可奋斗也。

曾国藩针对家乡"近处实无名师可从"的现实条件，劝勉欲外出求学的弟弟们："不如安分耐烦，寂处里闬，无师无友，挺然特立，作第一等人物。"[1]他以婺源汪双池为例，虽处一贫如洗之境，为景德镇佣工画碗之役，可谓无师无友，却在三十岁后发愤苦读，著书百卷，终成有名大儒，将其作为师友难得之时独立奋发而成功的典范。即便有明师教导，也不能依仗一生，还需自己发愤进取方可大成，因此，曾国藩在儿子二十三岁时告诫道："全靠尔自己扎挣发愤，父兄师长不能为力。"[2]

从古至今都不乏自学成才之人，在受条件限制缺乏名师益友扶持时，奋斗者只要有自立自强的决心和意志，通过勤苦努力突破环境制约，也可成就一番事业。

第五节　团队基础

《周易·系辞上》曰："二人同心，其利断金。同心之言，其臭如兰。"[3]寓意二人同心则无物不胜。俗语有云"一个篱笆三个桩，一个好汉三个帮"，揭示出众志成城、团结奋斗的伟大力量。任何的奋斗者都不可能是"独行侠"，必然是在一定的团队中共同奋斗，这种团队可能是家庭，可能是工作单位，也可能是政党或者社会组织。但无论外在形式如何变化，其内在的本质都是为了一个共同的奋斗目标而结成的集体行动聚合体。团队，是个人奋斗的组织基础和基本形态，无论是作为团队的管理者还是成员，都需要在团队中找准自己的定位，处理好团队关系，才能将个人奋斗融入团队奋斗，实现更高质量和更高层次的奋斗成就。

一、人才是团队之本

"周公吐哺，天下归心"是周公旦求贤若渴，为周王朝治国团队选拔人才的真实写照。《礼记》中，孔子提出"其人存，则其政举；其人亡，则其政息""故

1　檀作文译注.曾国藩家书（上）［M］.北京：中华书局，2017：321.
2　檀作文译注.颜氏家训［M］.北京：中华书局，2011：147.
3　杨天才，张善文译注.周易［M］.北京：中华书局，2011：579.

为政在人，取人以身，修身以道，修道以仁"[1]的观点。《贞观政要》中，唐太宗李世民也主张"为政之要，惟在得人，用非其才，必难致治。今所任用，必须以德行、学识为本"[2]，强调为治国团队选拔贤才是为政者的首要任务。荀子则提出"下臣事君以货，中臣事君以身，上臣事君以人"[3]的主张，认为上等的臣子侍奉君主，最主要的任务就是向君主推荐贤才。在历史长河中，得人才则团队兴，失贤才则团队亡的事例不胜枚举。

颜之推认为真正的贤才，将发挥"国之存亡，系其生死"的巨大作用。他以北齐文宣帝高洋和孝昭帝高演对待贤才的不同态度，及其产生的截然相反后果，说明任用贤才的重要性。文宣帝高洋虽然本人沉湎酒色、残暴无道，但重视和信任杨遵彦等贤才，所以"内外清谧，朝野晏如，各得其所，物无异议，终天保之朝"。而孝昭帝高演即位后诛杀肱股文臣杨遵彦，受北周反间计冤杀军队柱石斛律明月，直接导致朝廷内外离心离德，军队上下将士解体，北周从此有了吞并北齐之志，并最终灭掉北齐。[4]

二、管理是团队之基

要确保奋斗目标的顺利实现，保持团队事业的兴旺发达，就必须做好团队管理这个基础工作。"我们党历史这么长、规模这么大、执政这么久，如何跳出治乱兴衰的历史周期率？毛泽东同志在延安的窑洞里给出了第一个答案，这就是'只有让人民来监督政府，政府才不敢松懈'。经过百年奋斗特别是党的十八大以来新的实践，我们党又给出了第二个答案，这就是自我革命。"[5]正是党的十八大以来，形成了一整套党自我净化、自我完善、自我革新、自我提高的制度规范体系，为社会主义建设事业繁荣健康发展提供了良好的管理制度基础，才能确保"两个一百年"奋斗目标顺利如期实现。

团队管理要有较为稳定的用人制度。张廷玉以崇祯帝朱由检亡国之事，说明团队管理中用人制度稳定性的重要价值："明怀宗在位十七年，所用大学士至五十人之多。诚所谓'昔者所进，今日不知'。其亡国事，尚可问哉？"[6]正是对大学士这类重要枢机之臣频繁更换，导致明朝后期朝政不稳，亡国之祸也就在

1　胡平生，张萌译注.礼记（下）［M］.北京：中华书局，2017：1021.
2　骈宇骞译注.贞观政要［M］.北京：中华书局，2011：479.
3　方勇，李波译注.荀子［M］.北京：中华书局，2011：445.
4　檀作文译注.颜氏家训［M］.北京：中华书局，2011：91.
5　习近平.以史为鉴、开创未来　埋头苦干、勇毅前行［J］.求是，2022(1).
6　张英，张廷玉著.张舒，丛伟871校.陈明审校.父子宰相家训［M］.北京：新星出版社，2015：172.

所难免了。

团队管理要做到人事相合、人尽其才。孔子曰："举直错诸枉，则民服；举枉错诸直，则民不服。"[1]子夏曰："富哉言乎！舜有天下，选于众，举皋陶，不仁者远矣。汤有天下，选于众，举伊尹，不仁者远矣。"[2]把真正德才兼备之人选拔出来，自然会产生人才聚集效应，"用一贤人则群贤毕至，见贤思齐就蔚然成风"。不仅如此，选拔贤才还将对团队成员产生劝勉作用，正所谓"举善而教不能，则劝"[3]。张英以管理家中僮仆为例，揭示了人事相合、人尽其才的重要作用，"人家僮仆，最不宜多畜，但有得力二三人，训谕有方，使令得宜，未尝不得兼人之用。太多则彼此相诿，恩养必不能周，教训亦不能及，反不得其力。"[4]将合适的人放到合适的岗位，以良好的培训和教育使其胜任岗位工作，那么不仅可以减少冗员，更能增进效率。同时，要注意用人与教人的不同之处，"教人与用人正相反，用人当用其所长，教人当教其所短"[5]，充分发挥每一位人才的长处，才能真正做到人尽其才，进而提升团队整体实力。

团队管理要做到身先士卒、以上率下。张廷玉认为作为朝廷大臣，率领属下的方法不是强行约束下属，而是考虑自身言行对下属的示范效应，严格约束自己的言行，达到"其身正，不令而行"的感染示范效果，因为"我有私意，人即从而效之，又加甚焉。如我方欲饮茶，则下属即欲饮酒；我方欲饮酒，则下属即欲肆筵设席矣"。正所谓上行下效，上之所好，下必甚焉。如果上位者不能身先士卒，按照管理制度规范自身行为，为下属作出表率，那么其破坏管理制度的行为"一为所窥，则下僚无所忌惮，尚望其遵我法度哉？"[6]一旦团队管理纲纪松弛，那么团队的奋斗合力也就势必大大减弱，实现团队奋斗目标也将岌岌可危。

团队管理要做到严管厚爱、赏罚分明。孔子曰："君使臣以礼，臣事君以忠。"[7]颜延之提出"率下多方，见情为上；立长多术，晦明为懿"[8]，告诫管理者要以礼、以情、以宽容心对待团队成员，既要按照制度规矩进行约束，又要以真情真心给予关爱，在心态上也要严以律己、宽以待人，不可吹毛求疵、过于苛责。"若夺

1 杨伯峻译注.论语译注（简体字本）[M].北京：中华书局，2017：26.
2 杨伯峻译注.论语译注（简体字本）[M].北京：中华书局，2017：185.
3 杨伯峻译注.论语译注（简体字本）[M].北京：中华书局，2017：27.
4 张英，张廷玉著；张舒，丛伟注；陈明审校.父子宰相家训[M].北京：新星出版社，2015：15.
5 张英，张廷玉著；张舒，丛伟注；陈明审校.父子宰相家训[M].北京：新星出版社，2015：183.
6 张英，张廷玉著；张舒，丛伟注；陈明审校.父子宰相家训[M].北京：新星出版社，2015：102.
7 杨伯峻译注.论语译注（简体字本）[M].北京：中华书局，2017：41.
8 诸葛亮，范仲淹著；余进江选编译注.历代家训名篇译注[M].上海：上海古籍出版社，2020：93.

其常然，役其烦务，使威烈雷霆，犹不禁其欲；虽弃其大用，穷其细瑕，或明灼日月，将不胜其邪。"[1]以超出常态的强硬管理，繁重的劳务役使团队成员，那么即使管理者用雷霆一样的严厉手段，也难以禁止下属的欲望，若不关注下属大的方向性问题，反而对小问题吹毛求疵，那么即使管理者明察如日月，也难以避免下属走歪门邪道。因此要深入体察"礼道尚优，法意从刻"的含义，"优则人自为厚，刻则物相为薄"。以法治树立制度规矩意识，以礼治确保团队和谐友爱，真正做到严管厚爱的和谐统一。同时，团队管理还应赏罚分明，古语有云："赏罚不明，百事不成；赏罚若明，四方可行。"没有明确的奖善罚恶、奖勤罚懒制度，则团队难以立规矩、促发展。从历史经验来看，明确的赏罚制度是达成奋斗目标的重要保障，商鞅"立木为信"明赏罚，奠定大秦统一天下之基；项羽对待下属"战胜而不得其赏，拔城而不得其封"，导致四面楚歌身死国灭；诸葛亮爱才却挥泪斩马谡以正军法，方能开创三足鼎立之伟业；太平天国从初期"无大功不得封王"到后期滥封王爵的转变，成为这场伟大农民运动失败原因的部分注脚。同时，赏罚还不可失之偏颇，孔子曰"刑罚不中，则民无所错手足"[2]。恰当适度的奖赏和惩罚，才能营造出有纪律、有规矩又不失温度的干事创业氛围，要做到"罚慎其滥，惠戒其偏"，否则"罚滥则无以为罚，惠偏则不如无惠"[3]。最终将失去赏罚原本应有的警示、教育、劝勉和激励作用，即使赏罚制度分明，也会因赏罚过当而难以取得良好的团队管理效果。此外，无论是团队管理者还是成员，都要有"不窃人之美"的基本道德观念，古人对"用其言，弃其身"的卑鄙行为感到非常可耻，颜之推认为"凡有一言一行，取于人者，皆显称之，不可窃人之美，以为己力；虽轻虽贱者，必归功焉"。是谁的功劳就应当归功于谁，而不能窃为己有，否则"窃人之财，刑辟之所处；窃人之美，鬼神之所责"[4]。这也应当成为每一个团队成员的基本操守和共识。1864年，曾国藩指挥湘军攻破太平天国首都天京后，受到清廷封侯的奖赏，但曾国藩在家书中却向儿子表达自己内心的不安："余借人之力以窃上赏，寸心不安之至！"[5]表现出一个团队领导者谦逊自律、不窃人之美、不掩人之功的崇高道德品质。

1　诸葛亮，范仲淹著．余进江选编译注．历代家训名篇译注［M］．上海：上海古籍出版社，2020：93.
2　杨伯峻译注．论语译注（简体字本）［M］．北京：中华书局，2017：189.
3　诸葛亮，范仲淹著．余进江选编译注．历代家训名篇译注［M］．上海：上海古籍出版社，2020：93.
4　檀作文译注．颜氏家训［M］．北京：中华书局，2011：88.
5　檀作文译注．曾国藩家训［M］．北京：中华书局，2020：311.

三、文化是团队之魂

文化是什么？首先从单字的字义来看，在《说文解字》中，"文"解为"错画也，象交文，凡文之属皆从文"[1]，"化"被释为"教行也"[2]。而在《释名》中，"文"被释为"会集众彩以成锦绣，会集众字以成辞义，如文绣然也。"[3] 古今中外对"文化"的定义颇多，德国哲学家康德认为："文化是有理性的实体为了一定目的而进行的能力之创造。"并特别强调"文化只属于人类，不属于个人"。美国人类学家克利福德·格尔茨提出："文化乃是一些由人自己编织的意义之网。"[4] 中国古代最早将"文""化"二字并联使用的是《周易·贲卦》："观乎天文，以察时变；观乎人文，以化成天下。"[5] 近代国学大师梁漱溟说："文化是人的生活样式。"[6] 由上述对文化的定义，大概可以看出"文化"是与人和社会紧密相关的，是一种价值或意义，是人们的生活方式。在康德的定义中，文化是属于人类而不属于个人的，由个人组成的团队或者说人类组织，可以拥有自己的文化。团队文化，简单来讲，就是团队成员通过合力创造形成的具有共同价值观底蕴的生活方式。团队文化就如一根柔弱而又坚韧的丝线，将散落珠子一般的团队成员串联起来，凝聚为一个社会组织体，这种组织体可能是家庭、工作单位、政党或者其他社会组织。可见，文化才是一个团队的灵魂，没有自身独特文化的团队，就如同一盘散沙，难以凝聚起共同奋斗的合力。例如，曾国藩就在家书中体现出家庭成员间互相诫勉的家庭文化，他对外间怀疑弟弟的说法不予遮掩，明确地告诉给弟弟们，让他们有则改之，无则加勉，进而"手足式好，共御外辱"。张廷玉则告诫子孙秉承不扬人之过的家庭文化，如果有违这种文化，"有所敷陈，辄宣播于外，以博骨鲠之誉，是何异几谏父母而私以语人？自诩为直，自诩为孝，此何等肺肠耶？"[7]

第六节　社会基础

每一个人都是社会的一分子，人的成长和奋斗必然受到社会影响。颜延之曰：

1　许慎撰，徐铉校定．愚若注音．注音版说文解字［M］．北京：中华书局，2015：182.
2　许慎撰，徐铉校定．愚若注音．注音版说文解字［M］．北京：中华书局，2015：166.
3　刘熙撰．释名［M］．北京：中华书局，2016：47.
4　曾艳兵．"文化"是什么［J］．世界文化，2007(8):4-5.
5　杨天才，张善文译注．周易［M］．北京：中华书局，2011：207.
6　李德顺．文化是什么？［J］．文化软实力研究，2016, 1(4):11-18.
7　张英，张廷玉著．张舒，丛伟注．陈明审校．父子宰相家训［M］．北京：新星出版社，2015：154.

"习之所变亦大矣，岂唯蒸性染身，乃将移智易虑。"[1] 他认为社会习俗风气对人的影响十分巨大，不仅会熏染个人的身心，还会改变人的智慧和思虑。孟母三迁为孟子营造出一个健康成长的良好社会环境，终究为中华民族培养出一位"亚圣"；江郎才尽则告诉我们，浮华的社会风气如何将一名少年天才的才情一步步侵蚀殆尽。正所谓"与善人居，如入芝兰之室，久而不闻其香，即与之化矣。与不善人居，如入鲍鱼之肆，久而不闻其臭，亦与之化矣"[2]。是以墨子有"染于苍则苍，染于黄则黄，所入者变，其色亦变，五入必，而已则为五色矣。故染不可不慎也"的"染丝之叹"。[3] 孔子也以"丹之所藏者赤，漆之所藏者黑"的道理，告诫君子们"必慎其所与处者焉"[4]，要夯实好奋斗者的社会基础，可以从以下三个方面入手：

第一，要创造良好的社会人脉关系微环境。古人云："千载一圣，犹旦暮也；五百年一贤，犹比髆也。"[5] 说明圣贤之难得，若有幸遇之，安可不攀附景仰之乎？即便没有圣贤之人可友，也要尽量形成孔子所谓"无友不如己者"的良好人脉关系微环境。但是袁采告诫子孙，想要亲近君子远离小人，非有大定力不能成功，究其原因，与人性有关，如君子之言先入我心，则我临事自然长厚端谨，若小人之言先入我心，则我临事自然刻薄浮华。只有开君子金玉良言之道，塞小人败德恶言之径，方有可能免去"渐染之患"。[6]

第二，要坚定本心抵御不良社会风气侵袭。颜之推以"梁世士大夫，皆尚褒衣博带，大冠高履，出则车舆，入则扶持，郊郭之内，无乘马者"的浮华社会风气，最终导致侯景之乱中士大夫们"肤脆骨柔，不堪行步，体羸气弱，不耐寒暑，坐死仓猝者，往往而然"的悲惨结局这一实例，生动阐明了不良社会风气带来的巨大危害。[7] 对此，颜延之给出了化解之方："唯夫金真玉粹者，乃能尽而不污尔。"因为"丹可灭而不能使无赤，石可毁而不可使无坚"。只要一方面谨慎对待浸染之由，另一方面坚守本心，秉承"丹石之性"，那么不管社会环境如何变化，都无法侵蚀改变奋斗者的心性和智慧。[8] 元主与王恂谈论"守心之道"时，王恂提出"尝

1 诸葛亮，范仲淹著．余进江选编译注．历代家训名篇译注［M］．上海：上海古籍出版社，2020：112.
2 王国轩，王秀梅译注．孔子家语［M］．北京：中华书局，2011：198.
3 方勇译注．墨子［M］．北京：中华书局，2015：13.
4 王国轩，王秀梅译注．孔子家语［M］．北京：中华书局，2011：198.
5 檀作文译注．颜氏家训［M］．北京：中华书局，2011：85.
6 袁采，朱柏庐著．陈延斌，陈姝瑾译注．袁氏世范 朱子家训［M］．南京：江苏人民出版社，2019：127.
7 檀作文译注．颜氏家训［M］．北京：中华书局，2011：181.
8 诸葛亮，范仲淹著．余进江选编译注．历代家训名篇译注［M］．上海：上海古籍出版社，2020：112.

闻许衡言人心犹印版。然版本不差，虽摹千万纸，皆不差；本既差矣，摹之于纸，无不差"[1]的观点，可谓形象生动地阐明了坚守本心的重要价值。

第三，要加强社会实践学习拓展知识和见识。颜之推指出了普通人见识的缺陷，"凡人之信，唯耳与目；耳目之外，咸致疑焉。"如果不是自己亲眼见到、亲耳者听到的事物，大多数人都会持怀疑态度。例如"山中人不信有鱼大如木，海上人不信有木大如鱼；汉武不信弦胶，魏文不信火布；胡人见锦，不信有虫食树吐丝所成；昔在江南，不信有千人毡帐，及来河北，不信有二万斛船。"[2]皆是由于缺乏知识见识造成，如能在社会学习实践中不断积累，那么对社会环境的认识程度和适应、改造能力也将显著加强，可谓是"以彼之道，还施彼身"，终将为奋斗者选择、调节和改造所处社会环境提供重要助力。

第七节　心理基础

从历史规律来讲，"故天将降大任于是人也，必先苦其心志，劳其筋骨，饿其体肤，空乏其身，行拂乱其所为，所以动心忍性，曾益其所不能"[3]。奋斗之路往往不会是一路坦途，定会面临诸多的问题和困难，在顺境逆境中起起伏伏。而且奋斗目标越高，奋斗者的志向越大，那么遇到挫折、困难的概率也就越大，面临的挑战难度也就越高。如何面对、克服奋斗之路上的困难挫折，是对奋斗者心理素质的重大考验，只有做好了充足的心理准备，夯实了心理基础，奋斗者才可能在一次次挫折中越挫越勇，在一次次失败中保持希望不灭，并最终实现奋斗目标。

人之所以迷惑悖乱，非徒外界不良诱惑之影响，自己养心功夫不足才是根源。所以王阳明在给弟子训示如何不怕鬼时，提出"岂有邪鬼能迷正人乎？只此一怕，即是心邪，故有迷之者，非鬼迷也，心自迷耳"的主张。[4]人能不自迷则外物亦不能惑也。禅宗六祖惠能偈曰："菩提本无树，明镜亦非台。本来无一物，何处惹尘埃？"[5]心中灵台长空明，自然外界尘埃无处可沾染。要打好心理基础，重在养心。自古以来，多少英雄豪杰没有被外力所打倒，却败于自己的心魔，导致

1　张英，张廷玉著．张舒，丛伟注．陈明审校．父子宰相家训［M］．北京：新星出版社，2015：166.
2　檀作文译注．颜氏家训［M］．北京：中华书局，2011：217-218.
3　杨伯峻译注．孟子译注［M］．北京：中华书局，2010：276.
4　王守仁撰．王晓昕译注．传习录译注［M］．北京：中华书局，2018：79.
5　鸠摩罗什等著．佛教十三经［M］．北京：中华书局，2010：97.

功败垂成，身死道消。是以古语有云："为盖世豪杰易，为慊心圣贤难。"[1] 可见养心之难。

养心要养何种心呢？

一是养平常心。孟子曰："有不虞之誉，有求全之毁。"[2] 张英则认为："究竟不虞之誉少，而求全之毁多，此人心厚薄所由分也。"[3] 所以，孔子提出君子思不出其位，居易以俟命的观点，主张"君子素其位而行，不愿乎其外""上不怨天，下不尤人。故君子居易以俟命，小人行险以徼幸"[4]，教导行君子之道者要养一颗平常心，不存艳羡心、怨尤心、侥幸心。陈继儒在《小窗幽记》中说"洒脱是养心第一法"[5]，以达观洒脱的态度对待人情事物，养成一颗平常心，是夯实心理基础的第一要务。对于"人心惟危，道心惟微"的古训，张英理解为"危者，嗜欲之心，如堤之束水，其溃甚易。一溃则不可复收也。微者，理义之心，如帷之映灯，若隐若现，见之难，而晦之易也"[6]。这也就是曾国藩终身秉持的"不忮不求"之养心要义，"忮者，嫉贤害能，妒功争宠，所谓'怠者不能修，忌者畏人修'之类也。求者，贪利贪名，怀土怀惠，所谓'未得患得，既得患失'之类也"，"忮不去，满怀皆是荆棘；求不去，满腔日即卑污"[7]。我们可以将之通俗地理解为"不嫉妒，不贪婪"，不嫉妒他人之得，不过分贪求名利，如此则自然心地干净，不会陷入无尽的不平不满深渊而不能自拔。张廷玉指出，"入宫见妒""入门见嫉"的古训，说明同居共事容易产生猜忌之心，但即便是对于不相干的人，常人也往往对其有如意之事感到怅然若失，对其有不如意事而津津乐道，这是最应当予以戒除的不良心态。[8] 富弼年少时，就能做到对别人的谩骂充耳不闻，当被告知有人对他"呼姓名而骂"时，富弼回应道"天下岂无同姓名者乎？"其心性可谓是少年老成，故能成为北宋一代明相。[9] 对于韩琦"尝说到小人忘恩背义欲倾己处，辞和气平，如说平常事"的心态涵养，张廷玉佩服至极，认为"凡人至于小人欺己处，不觉则已，觉必露出其明以破之。公独不然，明足以照小欺

1　张英，张廷玉著．张舒，丛伟注．陈明审校．父子宰相家训［M］．北京：新星出版社，2015：180．
2　杨伯峻译注．孟子译注［M］．北京：中华书局，2010：165．
3　张英，张廷玉著．张舒，丛伟注．陈明审校．父子宰相家训［M］．北京：新星出版社，2015：121．
4　胡平生，张萌译注．礼记（下）［M］．北京：中华书局，2017：1015．
5　成敏译注．小窗幽记［M］．北京：中华书局，2016：14．
6　张英，张廷玉著．张舒，丛伟注．陈明审校．父子宰相家训［M］．北京：新星出版社，2015：3．
7　檀作文译注．曾国藩家训［M］．北京：中华书局，2020：457．
8　张英，张廷玉著．张舒，丛伟注．陈明审校．父子宰相家训［M］．北京：新星出版社，2015：102．
9　张英，张廷玉著．张舒，丛伟注．陈明审校．父子宰相家训［M］．北京：新星出版社，2015：181．

然每受之而不形也"[1]，真是将一颗平常心修到了"忘我无我"的极高境界。同时，张廷玉以对"读书引睡之法"的感悟，说明"盖心不可有著，又不可一无所著也"[2]的道理，养平常心要求不执着，但并非一无所念，否则就将陷于消沉堕落而不自觉了。养平常心也并不是放弃做人做事的原则，而是要外柔内刚，外以平淡处之，内心却不灭坚毅之志，达到韩琦所说的"内刚不可屈，而外能处之以和者，所济多矣"[3]的养心事功。

二是养慈悲心。古人高度重视"养善心"。张廷玉指出"凡人得一爱重之物，必思置之善地以保护之。至于心，乃吾身之至宝也。一念善，是即置之安处矣；一念恶，是即置之危地矣。奈何以吾身之至宝使之舍安而就危乎？"[4]主张要"一言一动，常思有益于人，惟恐有损于人"[5]。雍正八年（1730年）八月，京师地震，张廷玉告诫惶恐不安的子孙，存善心行善行是避灾免祸的最捷径："若果终身不曾行一恶事，不曾存一恶念，可以对衾影即可以对神明，断无有上天谴罚而加以奇殃者。方寸之间，我可自主，此为避灾免祸之道，最易为力。"[6]张英也认为，有善心之人必获福报，"人能处心积虑，一言一动皆思益人，而痛戒损人，则人望之若鸾凤，宝之若参苓，必为天地之所佑，鬼神之所服，而享有多福矣！"[7]但在现实生活中，有善心行善行却未必得到福报的情况也时常出现，让人们颇为疑惑。杨朱对此进行了解释："行善不以为名，而名从之；名不与利期，而利归之；利不与争期，而争及之：故君子必慎为善。"[8]由此，韩琦进一步提出："人能扶人之危，周人之急，固是美事。能勿自谈，则益善矣。"[9]又在慈悲心上更进一层，达至所谓"为而弗恃也，成功而弗居也"[10]的圣人心境。以行善而不矜不骄之心态，避免他人为名利而与行善之人争斗，导致善行不得善报的问题。

三是养谦畏心。张英以"仕宦之家，如再实之木，其根必伤"的古训为鉴，告诫子孙作为官宦子弟要怀一颗谦畏之心，要"常以席丰履盛为可危可虑、难处难全之地，勿以为可喜可幸、易安易逸"。面对"人有非之责之者，遇之不以礼

1　张英，张廷玉著．张舒，丛伟注．陈明审校．父子宰相家训［M］．北京：新星出版社，2015：114.
2　张英，张廷玉著．张舒，丛伟注．陈明审校．父子宰相家训［M］．北京：新星出版社，2015：177.
3　张英，张廷玉著．张舒，丛伟注．陈明审校．父子宰相家训［M］．北京：新星出版社，2015：114.
4　张英，张廷玉著．张舒，丛伟注．陈明审校．父子宰相家训［M］．北京：新星出版社，2015：95.
5　张英，张廷玉著．张舒，丛伟注．陈明审校．父子宰相家训［M］．北京：新星出版社，2015：98.
6　张英，张廷玉著．张舒，丛伟注．陈明审校．父子宰相家训［M］．北京：新星出版社，2015：99-100.
7　张英，张廷玉著．张舒，丛伟注．陈明审校．父子宰相家训［M］．北京：新星出版社，2015：68.
8　叶蓓卿译注．列子［M］．北京：中华书局，2015：236.
9　张英，张廷玉著．张舒，丛伟注．陈明审校．父子宰相家训［M］．北京：新星出版社，2015：114.
10　高明撰．帛书老子校注［M］．北京：中华书局，1996：232.

者"时，要反身自省，明白"思所处之时势，彼之施于我者，应该如此，原非过当；即我所行十分全是，无一毫非理，彼尚在可恕，况我岂能全是乎？"的道理，时刻保持谦逊自警的心态，努力做到谨饬、俭素、谦冲、读书勤苦、乐闻规劝均倍于寒士，只有这样才可能延续家族福祚，获得世人认可。[1]

养心之法如何？

一是实践中体察世事人情。所谓"世事洞明皆学问，人情练达即文章。"[2]陈继儒《小窗幽记》云："不近人情，举世皆畏途；不察物情，一生俱梦境。"[3]张英指出："人能将耳目闻见之事，平心体察，亦可消许多妄念也。"[4]张廷玉赞同魏象枢"有不可知之天道，无不可知之人事"[5]的观点，并且认为"天理人情是一件，不得分而为二"[6]。因此，积极在社会生活实践中体察世事人情，则遇事把事理看得清，知福祸相依、兴衰相替之天道，待人把心思看得明，知人心难测、人言可畏之世情，遭遇见识众生苦难多，则知救人之急、恻隐之心的可贵。如此，不仅可以让奋斗者少受飞来之祸、少遭无妄之灾，而且有益于养平常心、谦畏心、慈悲心。

二是书卷里通达古今之变。张英认为"书卷乃养心第一妙物"，不读书之人，"身心无所栖泊，耳目无所安顿，势必心意颠倒，妄想生嗔。处逆境不乐，处顺境亦不乐"。而读书之人，见千载闻人遭遇拂意之事亦为常态，则知处顺境虽我之福，但亦要有畏满畏祸之心；处逆境则知古人拂意之事，有百倍于此者，非独我所独遭，自能平心静观，怨尤之心自可涣然冰释。所以说"读书可以增长道心，为颐养第一事也"[7]。总之，多读书则顺境逆境皆可平淡处之，慎重待之，养得一颗平常心和谦畏心。

三是山水中寄情天地大道。张英认为："人生不能无所适以寄其意。"独特的个人爱好是寄托人的感情、释放生活压力、涵养个人心性的重要途径。古人多寄情山水以天地造化之大道颐养个人性情，张英"惟酷好看山种树"[8]，赞同陆游"游山如读书，浅深在所得"[9]的观点，认为"惟山水花木，差可自娱，而非

1 张英，张廷玉著.张舒，丛伟注.陈明审校.父子宰相家训［M］.北京：新星出版社，2015：75-76.
2 曹雪芹，高鹗著.启功等整理.红楼梦［M］.北京：中华书局，2005：30.
3 成敏译注.小窗幽记［M］.北京：中华书局，2016：5.
4 张英，张廷玉著.张舒，丛伟注.陈明审校.父子宰相家训［M］.北京：新星出版社，2015：36.
5 张英，张廷玉著.张舒，丛伟注.陈明审校.父子宰相家训［M］.北京：新星出版社，2015：172.
6 张英，张廷玉著.张舒，丛伟注.陈明审校.父子宰相家训［M］.北京：新星出版社，2015：126.
7 张英，张廷玉著.张舒，丛伟注.陈明审校.父子宰相家训［M］.北京：新星出版社，2015：3-4.
8 张英，张廷玉著.张舒，丛伟注.陈明审校.父子宰相家训［M］.北京：新星出版社，2015：19.
9 张英，张廷玉著.张舒，丛伟注.陈明审校.父子宰相家训［M］.北京：新星出版社，2015：14.

人之所争。草木日有生意而妙于无知，损许多爱憎烦恼"[1]。从山水中感悟天地大道，体会宇宙无穷之变化，慨叹天地无穷人生须臾，则可放空胸中烦闷，体察天地道心，合于己之本心，生出一颗敬畏天地造化、世人皆我同胞、万物俱我同类的谦畏、慈悲之心。

---

1 张英，张廷玉著.张舒，丛伟注.陈明审校.父子宰相家训［M］.北京：新星出版社，2015：58.

❦第五章 家风与奋斗方法❧

　　优秀传统家风往往是一个家庭中最优秀奋斗者一生的成功经验总结，因此蕴含着十分丰富的奋斗思想和奋斗方法。但是，世道有兴替、家道有盛衰、人之境遇有顺逆，所以在优秀传统家风中，时代不同、家庭不同、训导者不同，其总结出的成功经验与奋斗方法也不尽相同。

　　魏晋南北朝时期，出现了被称为"家训之祖"的《颜氏家训》，颜之推在书中阐述了十分丰富的奋斗方法，涵盖了子女、兄弟、婚姻、治家、处世等各个方面。概括言之，即对子女严管厚爱，一视同仁；对兄弟友爱和睦，不受挑拨；对后妻再醮慎重对待，避免骨肉家庭遭害；治家宽严有度，勤俭持家，子女婚姻重德不重财，反对重男轻女和虐待儿媳；处世慕贤慎交游，勤学有恒业，言行如一，名实相符，专心务实，慎言省事，戒贪知足，养生避祸以全身保性。[1] 王祥在遗言中告诫子孙要行五项"立身之本"："夫言行可覆，信之至也；推美引过，德之至也；扬名显亲，孝之至也；兄弟怡怡，宗族欣欣，悌之至也；临财莫过乎让。"[2] 王昶认为子孙如能行十事，则其不复忧："其用财先九族，其施舍务周急，其出入存故老，其论议贵无贬，其进仕尚忠节，其取人务实道，其处世戒骄淫，其贫贱慎无戚，其进退念合宜，其行事加九思。"[3] 羊祜告诫儿子："恭为德首，慎为行基"，要做到"言则忠信，行则笃敬，无口许人以财，无传不经之谈，无听毁誉之语"[4]。源贺遗训诸子："毋傲吝，毋荒怠，毋奢越，毋嫉妒。疑思问，言思审，行思恭，服思度。遏恶扬善，亲贤远佞。目观必真，耳属必正。忠勤以事君，清约以临己。"[5] 杨椿则希望子孙："存礼节，不为奢淫骄慢，假不胜人。"[6] 魏收将其奋斗之方总结为七条：既察且慎，益不欲多、利不欲大，能刚能柔，能

1　檀作文译注. 颜氏家训 [M]. 北京：中华书局，2011.
2　诸葛亮，范仲淹著. 余进江选编译注. 历代家训名篇译注 [M]. 上海：上海古籍出版社，2020：37.
3　诸葛亮，范仲淹著. 余进江选编译注. 历代家训名篇译注 [M]. 上海：上海古籍出版社，2020：51.
4　诸葛亮，范仲淹著. 余进江选编译注. 历代家训名篇译注 [M]. 上海：上海古籍出版社，2020：57.
5　诸葛亮，范仲淹著. 余进江选编译注. 历代家训名篇译注 [M]. 上海：上海古籍出版社，2020：121.
6　诸葛亮，范仲淹著. 余进江选编译注. 历代家训名篇译注 [M]. 上海：上海古籍出版社，2020：128.

信能顺，能知能愚，三缄其口，谦逊戒满。[1]

唐朝时期，柳玭将先人家法总结为九条：孝悌、恭默、畏怯、勤俭、忍顺、简敬、慎言、去骄吝、清廉简政。并将其自身奋斗之方归纳为五条：深虑、广闻、坚志、精业、知进退。同时，提出坏名灾己，辱先丧家的五大愆尤以警后人：自求安逸、寡知恶学、妒善扬恶、志趣低俗、攀附钻营。[2]

宋朝时期，叶梦得将治生之法提炼为勤、俭、耐久、和气四条。[3]袁采则从睦亲、处己、治家三个方面提出夯实奋斗基础，实现奋斗目标的方法：睦亲方面，家人互敬、宽容忍让、秉持公心、周济亲友；处己方面，戒骄奢、忠信笃敬、公平正直、严己宽人、慎言慎行、常思己过、谨慎交游、近善远恶；治家方面，抚恤乡邻、善择善待奴婢佃户、注重家庭人身安全、依法公正管理家政。[4]

明朝时期，方孝孺《家人箴》提炼出治家十五法：正伦、重祀、谨礼、务学、笃行、自省、绝私、崇畏、惩忿、戒惰、审听、谨习、择术、虑远、慎言。[5]高攀龙在家训中告诫子弟：以孝弟为本，以忠义为主，以廉洁为先，以诚实为要，临事让，临财宽，不结怨，言语谨慎，交游审择，自省自警，救难怜贫，省杀惜福。[6]袁了凡在《训儿俗说》中提出，处众之道有二：持己只是谦，待人只是恕；[7]修业有十要：无欲、静、信、专、勤、恒、日新、逼真、精、悟。[8]

清朝时期，曾国藩将奋斗之法总结为："八德""八宝""三致祥""三不信"。"八德"：勤、俭、刚、明、忠、恕、谦、浑；"八宝"：考、宝、早、扫、书、蔬、鱼、猪；"三致祥"：孝致祥，勤致祥，恕致祥；"三不信"：不信僧巫、地仙、医药。[9]张英从存养、修身、读书、节用、交友等多个层面提出奋斗之方：眠食有恒以养身，读书精业以立身，勤俭节用以惜福，戒奢戒骄以养性，谦卑敬慎以避怨，慎言慎友以保家。[10]其子张廷玉除了秉承张英的思想和方法外，还提

1　诸葛亮，范仲淹著.余进江选编译注.历代家训名篇译注［M］.上海：上海古籍出版社，2020：148.
2　诸葛亮，范仲淹著.余进江选编译注.历代家训名篇译注［M］.上海：上海古籍出版社，2020：182-185.
3　诸葛亮，范仲淹著.余进江选编译注.历代家训名篇译注［M］.上海：上海古籍出版社，2020：204-205.
4　袁采，朱柏庐著.陈延斌，陈姝瑾译注.袁氏世范 朱子家训［M］.南京：江苏人民出版社，2019.
5　诸葛亮，范仲淹著.余进江选编译注.历代家训名篇译注［M］.上海：上海古籍出版社，2020：243-251.
6　诸葛亮，范仲淹著.余进江选编译注.历代家训名篇译注［M］.上海：上海古籍出版社，2020：271.
7　袁了凡著.林志鹏.华国栋译注.训儿俗说译注［M］.上海：上海古籍出版社，2019：58.
8　袁了凡著.林志鹏.华国栋译注.训儿俗说译注［M］.上海：上海古籍出版社，2019：64-73.
9　檀作文译注.曾国藩家训［M］.北京：中华书局，2020：162-163.
10　张英，张廷玉著.张舒，丛伟注.陈明审校.父子宰相家训［M］.北京：新星出版社，2015.

出忠厚仁慈以端品行，慎行慎密、敬业省事以成事功，廉洁不贪、公正自守以全名节，治家严明、互敬互爱以和家族的四大奋斗之法。[1]

纵观魏晋至清代优秀传统家风，其中归纳总结的奋斗方法虽然不尽一致，但其核心内涵体系却较为统一。我们将其提炼整合为奋斗十法：有恒、精专、诚信、勤俭、谦敬、谨慎、宽恕、中庸、反思、力行。

第一节　有恒

《诗经·大雅·荡》有言："天生烝民，其命匪谌。靡不有初，鲜克有终。"[2]告诫世人恒念初心，有始有终，立身行道，终始若一。《周易》恒卦云："恒：亨，无咎，利贞，利有攸往。""《象》曰：恒，久也。……'恒亨无咎利贞'，久于其道也。天地之道恒久而不已也。"[3]朱熹释之为："恒，常久也。""恒，故能亨，且无咎矣。然必利于正，乃为久于其道，不正则久非其道矣。天地之道，所以长久，亦以正而已矣。"[4]程颐举善恶以说之："如君子之恒于善，可恒之道也；小人恒于恶，失可恒之道也。恒所以能亨，由贞正也，故云利贞。夫所谓恒，谓可恒久之道，非守一隅而不知变也，故利于有往。唯其有往，故能恒业，一定则不能常矣。"[5]结合《系辞》中"《易》穷则变，变则通，通则久。"[6]的解释，孔颖达在《周易正义》中说得更加明白："恒久之道，所贵变通。必变通随时，方可长久。能久能通，乃'无咎'也。恒通无咎，然后利以行正，故曰'恒：亨，无咎，利贞'也。"[7]

综上，金景芳、吕绍刚提出："恒有二义，一是无咎的恒，一是有咎的恒。无咎的恒亦即不易之恒。这种恒因为是正的，所以无咎。有咎的恒即不已之恒。这种恒因为不正，所以有咎。前一种恒，'利贞'，宜守正而不移易；后一种恒，'利有攸往'，宜有所行动，有所改变。这两种意义的恒合起来看，才是全面的，

1　张英、张廷玉著，张舒，丛伟注，陈明审校 . 父子宰相家训 [M]. 北京：新星出版社，2015.
2　王秀梅译注 . 诗经（下）[M]. 北京：中华书局，2015：667.
3　杨天才，张善文译注 . 周易 [M]. 北京：中华书局，2011：290–291.
4　朱熹撰 . 周易本义 [M]. 北京：中华书局，2009：131–132.
5　程颐撰，王孝鱼点校 . 周易程氏传 [M]. 北京：中华书局，2011：181.
6　王弼，韩康伯注 . 孔颖达等正义 . 周易正义 [M]. 北京：中国致公出版社，2009：285.
7　王弼，韩康伯注 . 孔颖达等正义 . 周易正义 [M]. 北京：中国致公出版社，2009：143.

正确的。"[1] 概而言之，恒即常久，但这种常久是动静结合的，就如阴阳循环不息之理，对不正有咎之恒要穷则变，变则通，通则久，最终达至无咎不易之恒；而对于无咎的不易之恒，则要如《象传》所言："君子以立不易方。"[2] 面对变化万端、妙用无方的世间万物，君子要立身守节不改变正道，有自己独立卓然不可移易之方。否则，就会导致"不恒其德，或承之羞，贞吝""不恒其德，无所容也"[3] 的后果。

在儒家思想中，"有恒"也是其精义之一。子曰："南人有言曰：'人而无恒，不可以作巫医。'善夫！"[4] "樊迟问仁。子曰：'居处恭，执事敬，与人忠。虽之夷狄，不可弃也。'"[5] "子曰：'君子无终食之间违仁，造次必于是，颠沛必于是。'"[6] "子路问政。子曰：'先之劳之。'请益。曰'无倦。'"[7] 在孔子心中，无恒之人，不仅不能成大事，即便连巫医之事也难以做好；要践行仁道，就必须有恒，即使身处礼义不兴之地，仓促匆忙、颠沛流离之际，也不能有一刻抛弃心中坚守；为政之要不仅要身先士卒、以身示范，更重要的是要永不懈怠，才能保证施政纲领不会时移世易。

曾国藩总结自己平生有三耻：不博、不专、无恒。[8] "无恒"作为平生三耻之一，历来为曾国藩高度重视和用力克制，他认识到"大约军事之败，非傲即惰，二者必居其一。巨室之败，非傲即惰，二者必居其一"。因此，立志"力戒'惰'字以儆无恒之弊"[9]，追求诸事有恒，至老不辍，曾国藩 55 岁时还在家书中对儿子以身示范："余近来衰态日增，眼光益蒙，然每日诸事有恒，未改常度。"[10] 可见其戒除无恒之弊的信念之坚。不仅如此，曾国藩还告诫子孙后辈："凡作一事，无论大小易难，皆宜有始有终。"[11] "尔欲稍有成就，须从'有恒'二字下手。"[12] 冀望子孙以有恒成业保家。

从细目来讲，优秀传统家风中体现出为学有恒、为政有恒、从业有恒、德行

1　金景芳，吕绍纲著.周易全解（修订本）[M].上海：上海古籍出版社，2017：309-310.
2　杨天才，张善文译注.周易[M].北京：中华书局，2011：292.
3　杨天才，张善文译注.周易[M].北京：中华书局，2011：294.
4　杨伯峻译注.论语译注（简体字本）[M].北京：中华书局，2017：200.
5　杨伯峻译注.论语译注（简体字本）[M].北京：中华书局，2017：197-198.
6　杨伯峻译注.论语译注（简体字本）[M].北京：中华书局，2017：49-50.
7　杨伯峻译注.论语译注（简体字本）[M].北京：中华书局，2017：188.
8　檀作文译注.曾国藩家训[M].北京：中华书局，2020：35.
9　檀作文译注.曾国藩家书（中）[M].北京：中华书局，2017：1285-1286.
10　檀作文译注.曾国藩家训[M].北京：中华书局，2020：419.
11　檀作文译注.曾国藩家训[M].北京：中华书局，2020：37.
12　檀作文译注.曾国藩家训[M].北京：中华书局，2020：116.

有恒等四个方面的奋斗之法，并且特别强调勿求速效，以免急功近利难以长久维持，导致最终无法实现有恒。

一、为学有恒

孔臧在家书中以山蕾蝎虫至柔至弱，而能以积渐之故穿石弊木的事例，告诫儿子孔琳"人之讲道，惟问其志，取必以渐，勤则得多"[1]的道理，希望儿子能够有恒渐积以成就学业。

袁采提出读书有三种用处：一是求取功名，二是无用之用，三是有所用心而不为非。他认为不可以其一用而废他用，比如富家子弟读书多为求取功名或明圣人之大道，但是"然命有穷达，性有昏明，不可责其必到，尤不可因其不到而使之废学"[2]，告诫家长在子弟的读书问题上要保持恒久的定力，不可随意使子弟废学，因为子弟读书，即便不能仕进明道，也可以产生无用之用的好处。

曾国藩认为："人生惟有常是第一美德。""年无分老少，事无分难易，但行之有恒，自如种树畜养，日见其大而不觉耳。"[3]他告诫兄弟和子侄："学问之道无穷，而总以有恒为主。"[4]"读书之法，看、读、写、作四者，每日不可缺一。"[5]在家书中，曾国藩阐述了为学有恒的四个细目，即看书、习字、作诗、从师有恒。一是看书要有恒，"尔既已看动数经，即须立志全看一过，以期作事有恒，不可半途而废。"[6]"但作事必须有恒，不可谓考试在即，便将未看完之书丢下。必须从首至尾，句句看完。若能明年将《史记》看完，则以后看书不可限量，不必问进学与否也。"[7]二是习字要有恒，"每日临帖一百字，万万无间断，则数年必成书家矣"[8]。三是作诗要有恒，"从此多作诗亦甚好，但须有志有恒，乃有成就耳"。四是从师要有恒，曾国藩告诫四弟与季弟，若跟从汪觉庵老师觉得不错，那么明年还是跟着老师读书，"若一年换处，是即无恒者见异思迁也，欲求长进难矣"[9]。同时，曾国藩也清醒地认识到，枯燥苦读难以持久，他虽然冀望子孙"于少壮时，即从'有恒'二字痛下工夫"，但同时也郑重提醒："然

1　诸葛亮，范仲淹著．余进江选编译注．历代家训名篇译注［M］．上海：上海古籍出版社，2020：1.
2　袁采，朱柏庐著．陈延斌，陈姝瑾译注．袁氏世范 朱子家训［M］．南京：江苏人民出版社，2019：32.
3　檀作文译注．曾国藩家训［M］．北京：中华书局，2020：213.
4　檀作文译注．曾国藩家书（上）［M］．北京：中华书局，2017：304.
5　檀作文译注．曾国藩家训［M］．北京：中华书局，2020：13.
6　檀作文译注．曾国藩家训［M］．北京：中华书局，2020：109.
7　檀作文译注．曾国藩家书（上）［M］．北京：中华书局，2017：316.
8　檀作文译注．曾国藩家书（上）［M］．北京：中华书局，2017：283.
9　檀作文译注．曾国藩家书（上）［M］．北京：中华书局，2017：166.

须有情韵趣味，养得生机益然，乃可历久不衰。若拘苦疲困，则不能真有恒也。"[1]

张英认为："子弟自十七八以至廿三四，实为学业成废之关。"学业半途而废多在此五六年中，究其原因，入学至十五六岁，家长师傅均严格管束，至十七八岁因"渐有朋友，渐有室家，嗜欲渐开，人事渐广，父母见其长成，师傅视为侪辈"，管束日渐松弛，而为学者则因"德性未坚，转移最易，学业未就，蒙昧非难"，导致难以做到学业有恒。如果错过这段学习的黄金时间，到了二十五六岁，就会因"儿女累多，生计迫蹙"，最终蹉跎潦倒一生，难以在学业上取得更高成就了。所以张英告诫子孙"为龙为蛇，为虎为鼠，分于一念，介在两岐，可不慎哉！可不畏哉！"[2]而这一念，就是能否秉持学业有恒之念。

可见，学业有恒，一要有渐积致功的心态，二要有不为功利废学的意志，三要有不见异思迁的定力，四要有把握关键时期的觉悟。

二、为政有恒

《尚书·毕命》有云："政贵有恒，辞尚体要，不惟好异。"[3]所以孔子赞叹孟庄子的孝道，最难能可贵之处就在于"其不改父之臣与父之政"[4]。张廷玉非常赞同张曾裕"古今无甚全之利，持之数十年而不变，即为苍生之福矣！古今亦无甚速之害，行之不数年而即变，即为黎庶之忧矣"的观点，以"利不什不变法；害不什不易制""不愆不忘，率由旧章"的古训，说明为政有恒的重要性。张廷玉深刻剖析了以矜奇立异为目的而随意变法改制的危害，"万一见诸施行，其中种种阂碍，不可枚举。或数年而报罢，或十数年而报罢。其未罢之先，闾阎之受其累不少矣，可不慎哉！"[5]政令无恒，遭殃的就是天下百姓。《汉书·食货志》中，就记载了晁错对农民"勤苦如此，尚复被水旱之灾，急政暴赋，赋敛不时，朝令而暮改"[6]。困难处境的客观描绘，天灾尚可恕，但"朝令而暮改"之类的人祸却应当尽量避免，如此方能巩固国本，国泰民安。为政有恒，还包括两层含义：一是不仅政令本身要有恒，而且执政者执行政令要有恒，不可因时间久了就开始懈怠，也就是子张问政时，孔子答复他"居之无倦，行之以忠"[7]的意蕴所在。二是统治者任用主要执政官员要有一定的稳定性，明朝崇祯皇帝在位十七年，

1 檀作文译注.曾国藩家训［M］.北京：中华书局，2020：351.
2 张英，张廷玉著.张舒，丛伟注，陈明审校.父子宰相家训［M］.北京：新星出版社，2015：80-81.
3 屈万里著.尚书集释［M］.上海：中西书局，2014：326.
4 杨伯峻译注.论语译注（简体字本）［M］.北京：中华书局，2017：286-287.
5 张英，张廷玉著.张舒，丛伟注，陈明审校.父子宰相家训［M］.北京：新星出版社，2015：173-174.
6 班固撰，颜师古注.汉书（第四册）［M］.北京：中华书局，1962：1132.
7 杨伯峻译注.论语译注（简体字本）［M］.北京：中华书局，2017：182.

而"所用大学士至五十人之多"[1]，几乎每年都在变易主要执政官员，如此一来，政令在执行层面难免风向不定甚至风向突变，最终导致亡国之事。

从现代社会来看，注意法律政策的延续性，不可朝令夕改，也是执政的一项基本原则。当前一再强调的"稳预期"，稳的就是人民对于国家政策的信赖和政府权威的信任，只有取信于民，才能做到哪怕"黑云压城城欲摧"，"我自岿然不动"，确保中华民族的"复兴号"巨轮在惊涛骇浪中也能安如泰山、坚如磐石。

三、从业有恒

孟子曰："民之为道也，有恒产者有恒心，无恒产者无恒心。苟无恒心，放辟邪侈，无不为已。"[2]有一定的产业收入，是道德观念和行为标准产生的基础，正所谓"仓廪实，则知礼节；衣食足，则知荣辱"[3]。没有稳定的经济来源，就容易走上为非作歹，甚至违法犯罪的邪路。

稳定的经济来源主要来自稳定的就业，并且要有坚持从业的恒心。袁采就告诫子孙："人之有子，须使有业。贫贱而有业，则不至于饥寒；富贵而有业，则不至于为非。"[4]"凡人生而无业，及有业而喜于安逸不肯尽力者，家富则习为下流，家贫则必为乞丐。"[5]徐勉在听闻长子徐崧所买田地盐碱颇重，不适宜耕种后，对儿子进行了经济支持，并且告诫儿子"既已营之，宜使成立，进退两亡，更贻耻笑"[6]，体现出一位父亲对儿子从业有恒的叮嘱和期望。

"就业是最大的民生"，稳住就业是保住民生底线的重要途径，促进就业是政府的重要职责。但是，作为求职者和从业者而言，也应当端正择业观和从业观，坚持"从业有恒"理念，干一行，爱一行，踏踏实实在工作岗位上积累沉淀，努力提升技能水平，成为行家里手，这样才能带来稳定的收入和事业预期。而时兴的频繁跳槽行为，由于缺乏长期岗位历练和经验技能，可能导致奋斗者难以充分积累经验和技能，最终在职场竞争和人生奋斗中面临不利局面。

四、德行有恒

《易经》有言："不恒其德，或承之羞。"[7]孔子之所以看中颜回，就在于"其

1　张英，张廷玉著．张舒，丛伟注．陈明审校．父子宰相家训［M］．北京：新星出版社，2015：172.
2　杨伯峻译注．孟子译注［M］．北京：中华书局，2010：107.
3　李山，轩新丽译注．管子（上）［M］．北京：中华书局，2019：2.
4　袁采，朱柏庐著．陈延斌，陈姝瑾译注．袁氏世范 朱子家训［M］．南京：江苏人民出版社，2019：31.
5　袁采，朱柏庐著．陈延斌，陈姝瑾译注．袁氏世范 朱子家训［M］．南京：江苏人民出版社，2019：172.
6　诸葛亮，范仲淹著．余进江选编译注．历代家训名篇译注［M］．上海：上海古籍出版社，2020：132.
7　杨天才，张善文译注．周易［M］．北京：中华书局，2011：294.

心三月不违仁"[1]，孔子总结了三种"难乎有恒"之人："亡而为有，虚而为盈，约而为泰。"[2] 因为这样的人，为了追求"有、盈、泰"的表面虚荣，必然难以持之以恒地保持个人德行操守。所以曾子说："士不可以不弘毅，任重而道远。仁以为己任，不亦重乎？死而后已，不亦远乎？"[3] 就是告诫士人君子，必须要有坚持德行、到死方休的坚强毅力和恒心。孔子之所以赞叹史鱼的直道，是因为史鱼以"生以身谏，死以尸谏"[4] 的正直行为，做到了"邦有道，如矢；邦无道，如矢"[5] 的德行有恒。中国自古以来就讲究"晚节"，之所以"伯夷叔齐饿死于首阳之下，民到于今称之"[6]，就是因为他们以有恒的德行，保持了清白的晚节，因此得到当时及后世人们的尊崇。

颜延之在《庭诰文》中明确提出："有恒为德，不慕厚贵。""有恒者，与物终。""务谢则心移，斯不恒矣。"[7] 认为有恒心就是德行，不必贪慕荣华富贵，有恒心的人才可以与事物相始终，反对因职务变易而变换本心的无恒之举。对于那些当别人得势时行巴结之能事，有难时则落井下石，借用别人的力量或恩惠得以成立，却在别人衰败时远避甚至进行诋毁的人，颜延之认为实在是人伦中的败类。颜延之高度赞扬裴楷德行有恒的行为，裴楷尽管与权臣杨骏是儿女亲家，却能在杨骏专权时不阿附成党，最终杨骏被杀，裴楷却被封临海侯。颜延之认为，如果能够像裴楷一样坦然面对变异而不改变自己的德行，那么就可以说是见识深远之人了。

德行有恒对于当世之人有很强的警示作用，那些落马的贪官污吏，一开始可能也是怀着一颗报效国家、服务人民的高尚心态参加工作，而随着职务境遇的变化，心中逐渐因权势日盛而骄、因仕途不顺而怨，最终堕入贪腐败德的深渊，不能恒久保持洁身自好的德行，最终身败名裂。而那些为了国家强盛几十年深藏功与名，始终保持为国奉献精神的老革命、老红军、老干部和老科学家们，则因矢志不渝坚持高尚的个人德行，必将名留青史，受到国人永远的尊敬与爱戴。

1　杨伯峻译注.论语译注（简体字本）［M］.北京：中华书局，2017：82.
2　杨伯峻译注.论语译注（简体字本）［M］.北京：中华书局，2017：105.
3　杨伯峻译注.论语译注（简体字本）［M］.北京：中华书局，2017：115.
4　韩婴撰.许维遹校释.韩诗外传集释［M］.北京：中华书局，2020：254.
5　杨伯峻译注.论语译注（简体字本）［M］.北京：中华书局，2017：230.
6　杨伯峻译注.论语译注（简体字本）［M］.北京：中华书局，2017：253.
7　诸葛亮，范仲淹著.余进江选编译注.历代家训名篇译注［M］.上海：上海古籍出版社，2020：109-110.

五、勿求速效

《淮南子》有言：“治国辟若张瑟，大弦急则小弦绝矣。故急辔数策者，非千里之御也。”[1]孔子教诲子夏：“无欲速，无见小利。欲速，则不达；见小利，则大事不成。”[2]王昶也告诫子侄：“夫物速成则疾亡，晚就则善终。朝华之草，夕而零落；松柏之茂，隆寒不衰。是以大雅君子恶速成，戒阙党也。”[3]国家治理、事物的发展、人的成长、奋斗的经历都有其自然规律，均要依其规律而行事，不可为求速而拔苗助长。孟子曰：“源泉混混，不舍昼夜，盈科而后进，放乎四海。”[4]揭示出孔子称赞水的缘由，在于水永不懈怠，但又不急躁，把低洼之处注满后再继续向前奔流，“盈科而后进”就是一种有恒但又不求速效的奋斗之方。

曾国藩深知“欲速则不达”之理，因此告诫学业上困心衡虑、郁积思通的四弟：“求速效必助长，非徒无益，而又害之。只要日积月累，如愚公之移山，终久必有豁然贯通之候。愈欲速，则愈锢蔽矣。”[5]针对儿子“好高好速”的问题，曾国藩教诲道：“若求长进，须勿忘而兼以勿助，乃不致走入荆棘耳。”[6]要求长进，必须有恒，是为“勿忘”，但又不可好高好速，是为“勿助”，只有勿忘且勿助，才能根基扎实而又得久久为功之效。他还明确告诫儿子“不可求名太骤，求效太捷也”，提倡“凡事皆用困知勉行工夫”，所谓的困知勉行，简单来说就是在困惑的地方仍然要以强大的恒心和毅力坚持突破，那么每困惑一次、突破一次，都将取得新的进步。在困知勉行的路上，曾国藩高呼“打得通的，便是好汉”[7]，但要打通困惑之关隘，就必须积蓄足够的力量，盈科而后进，求速效的方法并非科学的奋斗之方。

第二节　精专

《庄子》曰：“不精不诚，不能动人。”[8]《论衡》有言：“精诚所加，金

1　刘安著.陈广忠译注.淮南子译注（上册）［M］.上海：上海古籍出版社，2017：418.
2　杨伯峻译注.论语译注（简体字本）［M］.北京：中华书局，2017：196-197.
3　诸葛亮，范仲淹著，余进江选编译注.历代家训名篇译注［M］.上海：上海古籍出版社，2020：46.
4　杨伯峻译注.孟子译注［M］.北京：中华书局，2010：175.
5　檀作文译注.曾国藩家书（上）［M］.北京：中华书局，2017：208.
6　檀作文译注.曾国藩家训［M］.北京：中华书局，2020：398.
7　檀作文译注.曾国藩家训［M］.北京：中华书局，2020：393-394.
8　方勇译注.庄子［M］.北京：中华书局，2015：539.

石为亏。"[1] 颜之推以"多为少善，不如执一；鼫鼠五能，不成伎术"的古语告诚子弟要做到精诚专一。从天道而言，"能走者夺其翼，善飞者减其指，有角者无上齿，丰后者无前足，盖天道不使物有兼焉也"[2]。说明贵精专是亘古不变的天道规律；从人事而言，颜之推以当时两位聪明人多技多能但不精通，最终一事无成的事例，说明人的时间精力有限，学习技艺应当省其异端，达至精妙境界，以此作为安身立命和实现奋斗目标的资本。袁采从工作效率的角度，阐明了通过专业化分工让精专人干擅长事的重要性："且如工匠执役，必使一不执役者为之区处，谓之都料匠。盖人凡有执为，则不暇他见，须令一不执为者，旁观而为之区处，则不烦扰而功增倍矣。"[3] 在工程建造过程中，为了让工匠专心操作，应当根据其专业分配职责，并委派不从事具体工作的人负责统筹安排，名曰"都料匠"。如此，专业技术人员和管理人员各司其职，各自精专于分内之事，则事半而功倍也。荀子指出："蚓无爪牙之利，筋骨之强，上食埃土，下饮黄泉，用心一也；蟹六跪而二螯，非蛇蟺之穴无可寄托者，用心躁也。"之所以螃蟹禀赋超过蚯蚓，却反而无法像蚯蚓一样"上食埃土，下饮黄泉"，皆因其不能专心致志。譬之立身处世，荀子认为"是故无冥冥之志者，无昭昭之明；无惛惛之事者，无赫赫之功。行衢道者不至，事两君者不容"[4]。只有保持专心致志的精神和行动，才能获得显著的成就与功绩。

孟子曰："有为者辟若掘井，掘井九仞而不及泉，犹为弃井也。"[5] 对此，是继续掘下去还是另寻一井呢？曾国藩的回答是继续掘下去。他赞同老友吴子序的观点："用功譬若掘井，与其多掘数井而皆不及泉，何若老守一井，力求及泉而用之不竭乎？"[6] 认为自己就有"掘井多而无泉可饮"的弊病，并以谚语"艺多不养身"的说法，告诫弟弟们"求业之精，别无他法，曰专而已矣"，希望弟弟们无论是志在习字、穷经、作制义、作古文、作各体诗还是作试帖，都要做到专一，习字则专习一体，穷经则专守一经，作制义则专看一家文稿，作古文则专看一家文集，作各体诗和作试帖都应当有专一的方向，这样才能取得成就，"万不可以兼营并骛。兼营则必一无所能矣"[7]。曾国藩在给儿子的家书中论及"平

1 黄晖著.论衡校释（上）[M].北京：中华书局，2018：198.
2 檀作文译注.颜氏家训[M].北京：中华书局，2011：184.
3 袁采，朱柏庐著；陈延斌，陈姝瑾译注.袁氏世范 朱子家训[M].南京：江苏人民出版社，2019：215.
4 方勇，李波译注.荀子[M].北京：中华书局，2011：5.
5 杨伯峻译注.孟子译注[M].北京：中华书局，2010：290-291.
6 檀作文译注.曾国藩家书（上）[M].北京：中华书局，2017：110-111.
7 檀作文译注.曾国藩家书（上）[M].北京：中华书局，2017：114.

生三耻"，一是不懂天文之术，二是做事无恒心，第三耻就是不精专："少时作字，不能临摹一家之体，遂致屡变而无所成，迟钝而不适于用，近岁在军，因作字太钝，废阁殊多，三耻也。"[1] 因小时候未能精专一家字体，导致书写迟钝，对平生工作造成不利影响，这是曾国藩认为不能精专而带来一生耻辱的实例。

从具体细目来说，中华优秀传统家风主要蕴含了学业要精专和精一而旁通的至理。

一、学业要精专

学业精专第一个问题是择书要精。老子曰："知者不博，博者不知。善者不多，多者不善。"[2] 曾国藩根据一代大儒韩愈所服膺之书不过数种，高邮王安国、王念孙父子博古通今而精熟之书也不过三十种的历史经验，提出"买书不可不多，而看书不可不知所择"的主张，他认为如果儿子"将'四书''五经'及余所好之八种，一一熟读而深思之，略作札记，以志所得，以著所疑"[3]，那么自己也就会感觉非常满意，别无所求了。张英也强调要择文而读，他认为"读文不必多，择其精纯条畅，有气局词华者，多则百篇，少则六十篇。神明与之浑化，始为有益。若贪多务博，过眼辄忘，及至作时，则彼此不相涉，落笔仍是故吾"。他提出学者因贪多务博而患"不熟不化之病"的最多[4]，对于那些读时文"累千累百而不知理会"者，张英感到十分可悲，他认为"夫能理会，则数十篇百篇已足，焉用如此之多？不能理会，则读数千篇，与不读一字等"[5]。如果对大量书籍文章费时费力地记诵，结果心中却什么也没有领悟，那么必然在实践操作中"思常窒而不灵，词常窘而不裕，意常枯而不润"[6]。下笔作文时也就跟没有读过这些文章书籍一样毫无突破。所以张英以古语"简练以为揣摩"告诫学者，精择书文而精细揣摩方为学业精进之要诀。

学业精专第二个问题是读书习字要精熟专一。在蒙学读物《弟子规》中，就有关于读书精专的要求："读书法，有三到，心眼口，信皆要。方读此，勿慕彼，此未终，彼勿起。"[7] 曾国藩将"读书不二"作为学业法门传授给弟弟们，他要

1 檀作文译注.曾国藩家训［M］.北京：中华书局，2020：35.
2 高明撰.帛书老子校注［M］.北京：中华书局，1996：155.
3 檀作文译注.曾国藩家训［M］.北京：中华书局，2020：83-90.
4 张英，张廷玉著；张舒，丛伟注.陈明审校.父子宰相家训［M］.北京：新星出版社，2015：65-66.
5 张英，张廷玉著；张舒，丛伟注.陈明审校.父子宰相家训［M］.北京：新星出版社，2015：71-72.
6 张英，张廷玉著；张舒，丛伟注.陈明审校.父子宰相家训［M］.北京：新星出版社，2015：65.
7 李逸安译注.三字经 百家姓 千字文 弟子规［M］.北京：中华书局，2019：203.

求"一书未点完，断不看它书"[1]。如果看书只是东翻一下西看一下，那是内心不坚定被外界牵着走，或者是纯粹让他人觉得自己博览群书的敷衍行为而已，对于自己的学业没有任何好处。他在给弟弟们的信中，反复强调"多则必不能专，万万不可""功课无一定呆法，但须专耳"[2]"穷经必专一经，不可泛骛"的观点，并将读书精专之法总结为一个"耐"字诀："一句不通，不看下句；今日不通，明日再读；今年不精，明年再读。"[3]同时，曾国藩还强调读书必须做到"求明白"，他在家书中告诫儿子，读书"第一怕无恒，第二怕随笔点过一遍，并未看得明白"。认为如果对书的内容做到精熟了、看明白了，时间久了必然就能有所回味，自然就会对书中的内容形成记忆，所以他要求儿子"尔不必求记，却宜求个明白"[4]。张英也强调"读文必期有用，不然宁可不读"。他告诫子孙，如果读书成袟，而"问之不能举其词，叩之不能言其义"[5]，这样的行为就是自欺欺人。总之，读书必须将书中的精义完全读通领悟透，切不可好高骛远，贪多务博，见异思迁。

学业精专第三个问题是读书要求其精义。张廷玉十分认同孙承泽"孔明读书，略得大意。陶渊明读书，不求甚解。皆其善读书处，非经生佔毕所能知"[6]的观点，并引用严有翼对"陶渊明读书不求甚解"真义的解释："盖以两汉以来，训诂盛行，拘牵繁碎，人溺于所闻。故超然真见，独契古初而晚废训诂。"[7]说明诸葛亮读书略得大意、陶渊明读书不求甚解，并非不认真探求书中真义，而恰恰是不拘泥于书中文字或烦琐训诂，化繁为简，破开重重文字迷惑，透过书籍文字的外貌直达其承载的大道要义，这种"略得大意"即是探求"独契古初"的著书真义，这种"不求甚解"即是通过"晚废训诂"破开繁琐训诂等枝叶末节感受本初意蕴。况且，由于社会政治环境因素或著书者个人因素影响，书中本来就难免有偏颇、错讹、不实或低俗等问题，因此，学业精专应当探求书中有益、有价值之精义，而鉴别扬弃存在上述问题的内容。对此，前人有专门的论述，孟子针对《尚书》武成篇中记载武王伐纣"血流漂杵"的内容，提出"仁人无敌于天下，以至仁伐至不仁，而何其血之流杵也？"的疑问，认为"尽信书，则不如无书"[8]。张廷

1 檀作文译注.曾国藩家书（上）[M].北京：中华书局，2017：156.
2 檀作文译注.曾国藩家书（上）[M].北京：中华书局，2017：203-204.
3 檀作文译注.曾国藩家书（上）[M].北京：中华书局，2017：171.
4 檀作文译注.曾国藩家训[M].北京：中华书局，2020：105.
5 张英，张廷玉著.张舒，丛伟注.陈明审校.父子宰相家训[M].北京：新星出版社，2015：72.
6 张英，张廷玉著.张舒，丛伟注.陈明审校.父子宰相家训[M].北京：新星出版社，2015：155.
7 张英，张廷玉著.张舒，丛伟注.陈明审校.父子宰相家训[M].北京：新星出版社，2015：185-186.
8 杨伯峻译注.孟子译注[M].北京：中华书局，2010：301.

玉也以《津逮秘书》中多有鄙俚秽亵之语的问题，告诫子孙"可知古人著书轻率下笔，亦是大病，读者不可不择也"[1]。可见，要实现学业精专，一个重要方法就是对书中内容有选择、有鉴别地学习和思考，探求精义而去其糟粕。

在实现读书精熟的具体方法上，曾国藩和张英有两个宝贵经验，一是"日知其所亡，月无忘其所能"，二是做好笔记。

《周易》系辞上有云："富有之谓大业，日新之谓盛德。"[2]推之学业，即要日日增新其所未知的知识，也要真正将之转化为富有的知识贮藏。"日知其所亡，月无忘其所能"是《论语》子张篇中子夏对"好学"的定义，曾国藩将其与看书、读书（高声朗诵）对应，认为看书如兵家之"攻城略地，开拓土宇者也"，是"日知其所亡"，而读书则如兵家之"深沟坚垒，得地能守者也"，是"月无忘其所能"[3]，两者不偏废、协同而进，使不断拓展新知识与巩固所学知识相结合，自然能将书中内容学至精熟的程度。张英特别强调巩固温习已学之书，他以"画饼充饥"形容读书而不能举其词的现象，以"食物不化"比喻能举其词而不能运用的情况，认为"多读文而不熟，如将不练之兵，临时全不得用，徒疲精劳神，与操空拳者无异"[4]，推崇"读生文不如玩熟文。必以我之精神，包乎此一篇之外；以我之心思，入乎此一篇之中"[5]的古训意蕴。张英告诫子孙，要"将平昔已读经书，视之如拱璧，一月之内，必加温习"。通过不断的温习过程，形成"但读得一篇，必求可以背诵，然后思通其义蕴，而运用之于手腕之下"[6]的良好学习习惯，只有这样才能培养出学习者的英华才气。

曾国藩高度重视读书做好笔记的问题，他称之为"札记"，曾国藩在家书中向儿子详细讲解了札记之法："其惬意者，则以朱笔识出；其怀疑者，则以另册写一小条，或多为辨论，或仅着数字，将来疑者渐晰，又记于此条之下，久久渐成卷帙，则自然日进。"[7]并且以高邮王怀祖父子做札记以成经学大家的事例，说明读书做好笔记的重要性。

在解答儿子关于习字"有一专长，是否须兼三者，乃为合作"的问题时，国

1 张英，张廷玉著．张舒，丛伟注．陈明审校．父子宰相家训［M］．北京：新星出版社，2015：109.
2 杨天才，张善文译注．周易［M］．北京：中华书局，2011：571.
3 檀作文译注．曾国藩家训［M］．北京：中华书局，2020：13.
4 张英，张廷玉著．张舒，丛伟注．陈明审校．父子宰相家训［M］．北京：新星出版社，2015：82.
5 张英，张廷玉著．张舒，丛伟注．陈明审校．父子宰相家训［M］．北京：新星出版社，2015：72.
6 张英，张廷玉著．张舒，丛伟注．陈明审校．父子宰相家训［M］．北京：新星出版社，2015：69.
7 檀作文译注．曾国藩家训［M］．北京：中华书局，2020：43.

藩明确表示反对兼习多体，认为"凡言兼众长者，皆其一无所长者也"[1]，并且就习字问题反复强调"不可见异思迁耳"[2]，"四体并习，恐将来不能一工"[3]。在习字问题上，张英也秉持"学字当专一"的观点，他认为习字应当"择古人佳帖或时人墨迹与己笔路相近者，专心学之。若朝更夕改，见异而迁，鲜有得成者"[4]。此外，曾国藩还强调学以致用，要求在实践中保持精专的态度，他在家书中告诫弟弟们，面对事情的时候要摒弃心中杂念，以专一的心态去应对，才能取得好的效果。

颜之推对当时读书"皆以博涉为贵，不肯专儒"的世风提出了强烈批评。他指出"汉时贤俊，皆以一经弘圣人之道，上明天时，下该人事，用此致卿相者多矣。末俗已来不复尔，空守章句，但诵师言，施之世务，殆无一可"。反映出南北朝时期由于学术风气尚博不尚专，滋生出"教条主义""本本主义"的严重问题，形成所学难以致用，学者难以经世的空浮局面。颜之推以"博士买驴，书券三纸，未有驴字"的邺城谚语，讥讽和告诫那些"问一言辄酬数百，责其指归，或无要会"的学风浮躁之人，冀望其珍惜宝贵光阴，少做博涉不专的无益之事，弘扬精专一经以弘圣人之道的古风，进而博览机要，以济功业。[5]

总之，在学业问题上，中华优秀传统家风始终秉持着贵精专不贵博浅的理念，要求无论是读书、习字还是实践都要消除外界干扰和炫耀心理，专注用力，弄懂精义，将真义真知理解透彻并学以致用，这才是学习的根本目的和真正价值所在。这对当代学者和学术风气具有重要启示价值，浮躁的心态与学风，产生出见异思迁追捧所谓的热门研究，基础研究不愿意长期坐冷板凳等现象，导致重大基础研究长期难以突破、科技"卡脖子"问题纷至沓来、研究成果庞杂而不深入等问题，已在一定程度上影响了国家科技文化发展和国际竞争能力提升，必须予以重视和调整。让学术重归精专的正道，利用精专的科研成果解决国家和社会面临的重大基础性问题，实现科研为国家和社会服务，为中华民族伟大复兴中国梦添彩的远大目标。

1 檀作文译注．曾国藩家训［M］．北京：中华书局，2020：344.
2 檀作文译注．曾国藩家训［M］．北京：中华书局，2020：68.
3 檀作文译注．曾国藩家训［M］．北京：中华书局，2020：46.
4 张英，张廷玉著．张舒，丛伟注．陈明审校．父子宰相家训［M］．北京：新星出版社，2015：61.
5 檀作文译注．颜氏家训［M］．北京：中华书局，2011：109—110.

二、精一而旁通

《周易》有言："引而伸之，触类而长之，天下之能事毕矣。"[1]通过卦象的重叠变化和同类推演将天下之事囊括于《周易》之中，阐明了触类旁通的重要意义。曾国藩根据"通一艺即通众艺，通于艺即通于道"[2]的学习经验，告诫弟弟们学业精一然后可得旁通之效。他以学诗为例，认为要写好诗，则"先须看一家集，不要东翻西阅；先须学一体，不可各体同学"，只有精通一家一体，掌握作诗之精髓大道，方可以达到"盖明一体则皆明也"的旁通之效。[3]又以习字为例，在向儿子阐述练字用笔、换笔要诀后，他未再详细申说，而是要求儿子"举一反三，尔自悟取可也"[4]。但要实现精一旁通之功效，必下"虚心涵泳，切己体察"之功夫，曾国藩以自己领悟《孟子》精义的两则事例现身说法，一是对《孟子·离娄》"上无道揆，下无法守"一句，曾国藩以前读之并无特别体会，但在外办事多年以后，慢慢体察感悟到"上之人必揆诸道，下之人必守乎法。若人人以道揆自许，从心而不从法，则下凌上矣"[5]的至理，通俗地讲，就是上位者必须以大道为标准制定法规，而下位者必须遵守法规，如果人人都认为自己所遵循信奉的是大道而不遵法规，那么就必然出现社会秩序紊乱的现象。二是对《孟子》"爱人不亲"章，曾国藩以前读之也没有切身的感受，阅历渐渐丰富以后，才发现孟子以"三必反"总结出的"行有不得者皆反求诸己，其身正而天下归之"真是至理名言，他以治人的亲身体会为例，在管理实践中，如果不能够管理好下属，往往并无其他原因，皆是自己智慧不足的缘故。从曾国藩的感悟和实践中可以发现，事物的大道都是相通的，因此精诚专一地将某类知识技能修习至"通大道"的境界，那么触类旁通也就不是难事，以此行事自然可以收到事半功倍之效。同时要注意，读书固然重要，"虚心涵泳，切己体察"的功夫也不可忽视，要真正将内心沁润到所学之中，时刻体察其真义，并通过不断的实践锻炼，增强自身感悟体会，做到理论联系实际，冲破事物的表象探求其本质，进而获得茅塞顿开的顿悟奇效。

第三节　诚信

在古语中，"诚"与"信"互解，《说文解字》云："诚，信也。""信，

1　杨天才，张善文译注.周易［M］.北京：中华书局，2011：583.
2　檀作文译注.曾国藩家书（上）［M］.北京：中华书局，2017：250.
3　檀作文译注.曾国藩家书（上）［M］.北京：中华书局，2017：205.
4　檀作文译注.曾国藩家训［M］.北京：中华书局，2020：111.
5　檀作文译注.曾国藩家训［M］.北京：中华书局，2020：22.

诚也。"[1]但从用法而言，"诚"似更偏重于内在之意志，譬如"诚意""诚心"之类；"信"似更偏重于外在之言行，譬如"信诺""信守"之类。因此，我们对"诚信"二字分而论之。

一、"诚"的价值与内涵

"诚"是立身处世之基。《礼记·中庸》有云："诚者物之终始，不诚无物。是故君子诚之为贵。"[2]诚贯穿了事物的始终，没有诚就会万事不成，万物不生，所以君子高度重视真诚的重大价值。孟子曰："是故诚者，天之道也；思诚者，人之道也。至诚而不动者，未之有也；不诚，未有能动者也。"[3]魏徵也说："竭诚则胡越为一体，傲物则骨肉为行路。"[4]因此，诚是自然规律，也是做人的规律，至诚可感动他人甚至感动天地，以诚心与人交往，可以跨越各种障碍融为一体，若傲视他人，则骨肉至亲也会变得形同陌路。张英自撰对联"万类相感以诚，造物最忌者巧"[5]，揭示"诚"为万物感通要诀的大道。张廷玉对明代朱之冯"古之人修身见于世，非诚不能。诚则贯微，显通天人。一世不尽见，百世必有见者"[6]的观点十分赞同，将其作为座右铭终身服膺，又喜爱"约，失之鲜矣；诚，乐莫大焉"[7]的名联，认为以诚立身处世，是最大的快乐，也将得到最大的快乐。

"诚"的内涵是不欺、不伪。曾国藩认为："所谓诚意者，即其所知而力行之，是不欺也。知一句便行一句，此力行之事也。"[8]一个"不欺"便揭示出"诚"的核心要旨，所谓"不欺"，既要不欺人，也要不自欺。袁采认为"矫饰假伪，其中心则轻薄，是能敬而不能笃者"[9]，这样的人不仅会被君子斥责为阿谀便佞，并且久而久之也必将被父老乡亲认清虚伪面目，进而受到乡人鄙弃。颜之推告诫子孙"诚意"必须要有恒，认为"一伪丧百诚"，他以宓子贱的名言"诚于此者形于彼"为训，指出"人之虚实真伪在乎心，无不见乎迹，但察之未熟耳。一为察之所鉴，巧伪不如拙诚，承之以羞大矣"，并以当时之人为求诚孝之名，"以巴豆涂脸，遂使成疮，表哭泣之过"[10]。结果被外人知晓，认为其守孝期间的其

1 汤可敬译注.说文解字（二）[M].北京：中华书局，2018：776-777.
2 胡平生，张萌译注.礼记（下）[M].北京：中华书局，2017：1029.
3 杨伯峻译注.孟子译注[M].北京：中华书局，2010：158.
4 骈宇骞译注.贞观政要[M].北京：中华书局，2011：17.
5 张英，张廷玉著；张舒，丛伟洁，陈明审校.父子宰相家训[M].北京：新星出版社，2015：98.
6 张英，张廷玉著；张舒，丛伟洁，陈明审校.父子宰相家训[M].北京：新星出版社，2015：177.
7 张英，张廷玉著；张舒，丛伟洁，陈明审校.父子宰相家训[M].北京：新星出版社，2015：109.
8 檀作文译注.曾国藩家书（上）[M].北京：中华书局，2017：125.
9 袁采，朱柏庐著；陈延斌，陈姝瑾译注.袁氏世范 朱子家训[M].南京：江苏人民出版社，2019：117.
10 檀作文译注.颜氏家训[M].北京：中华书局，2011：171.

他行为都是虚假行事，反遭不孝质疑的事例，说明再精巧的伪装也抵不过拙朴的诚意，正所谓"路遥知马力，日久见人心"，"疾风知劲草，板荡识诚臣"[1]，巧伪之人久而久之必然显露其真实面目，终将自承其羞，贻人笑柄。

二、"诚"的实现方式

要探讨如何做到"诚"，首先应明确不能做到"诚"的原因。颜之推认为，"以一伪丧百诚者，乃贪名不已故也"[2]，因此，要做到"诚"，就必须先戒除"贪名"的思想。

一是学业上要戒贪虚名。孔子曰："知之为知之，不知为不知，是知也。"[3]而学业上贪虚名者，往往以不知强装为知，以寡闻强装为多闻，最终因贪名而自毁学业、贻笑大方。要在学业方面戒贪虚名，就必须彻底改变学风，深刻理解读书为己、为求真知的真谛，从三个方面着力加以改进：第一，要力避孔子所谓"古之学者为己，今之学者为人？"[4]的为求名而学、为炫耀而学的错误思想。第二，要注重防止"本本主义""教条主义"思想。"以研寻义理为本，考据名物为末。"[5]将《大学》提倡的明德、新民、止至善三大纲领贴切到自身，在实践中去感悟、去力行，实现读书明理经世的功效，否则"虽使能文能诗、博雅自诩，亦只算识字之牧猪奴耳，岂得谓之明理有用之人也乎？"[6]曾国藩26岁时从京城回家游历江南，从同乡易作梅处贷百金购书，回乡后父亲竹亭公问书从何来，得知原委后，竹亭公且喜且诫之曰："尔借钱买书，吾不惜为汝弥缝，但能悉心读之，斯不负耳。"[7]曾国藩父亲的告诫，可谓为读书求名之人敲了一记警钟，在家庭经济并不宽裕的情况下，竹亭公对曾国藩重金购书的行为仍然给予鼎力支持，但也告诫他，买书是为真读书，若只是为了买书装点门面以博好学之名，那就是徒然浪费财物，辜负家人一片苦心了。第三，要坚决杜绝弄虚作假、牵强附会以博学名的行为。颜之推告诫子弟"治点子弟文章，以为声价，大弊事也"[8]，坚决反对那种帮助子弟修改文章以抬高其身价，为其博求一时名声的行为，认为一方面久而久之必被外界察觉真实情况，另一方面让子弟产生"等靠要"的消极懈怠思想，不利于子

1　骈宇骞译注.贞观政要［M］.北京：中华书局，2011：26.
2　檀作文译注.颜氏家训［M］.北京：中华书局，2011：171.
3　杨伯峻译注.论语译注（简体字本）［M］.北京：中华书局，2017：25.
4　杨伯峻译注.论语译注（简体字本）［M］.北京：中华书局，2017：218.
5　檀作文译注.曾国藩家书（上）［M］.北京：中华书局，2017：171.
6　檀作文译注.曾国藩家书（上）［M］.北京：中华书局，2017：123.
7　黎庶昌，王定安等撰.曾国藩年谱（附事略、荣哀录）［M］.长沙：岳麓书社，2017：6.
8　檀作文译注.颜氏家训［M］.北京：中华书局，2011：174.

弟的奋斗和进步。他举例说明：某一士族子弟，天资愚钝却因家世殷厚，以财物酒肉交往名士而博得文才出众之名，结果被东莱王韩晋明在宴会上以"玉珽杆上终葵首，当作何形？"一问，揭发其名不副实之状，为方家所笑。[1]张廷玉则告诫子孙不可牵强附会以博学名，认为"注解古人诗文者，每牵合附会以示淹博，是一大病"[2]。

二是为人处世上戒贪虚名。韩世忠曾告诫家人："吾名世忠，汝曹毋讳'忠'字，讳而不言，是忘忠也。"张廷玉对此点评道："果能尊敬其父祖，当以服习教训为先，岂在此区区末节乎！"[3]认为名讳仅属无关紧要的虚名，避讳父祖名讳只是形式末节，不必过于挂怀，服习父祖教训做一个有德君子，才是对父祖最大的尊敬。曾国藩在家书中告诫弟弟们，交友不可标榜自己以盗取虚名。指出自己在京城不欲先去拜别人，就是"恐徒标榜虚声"，认为"盖求友以匡己之不逮，此大益也；标榜以盗虚名，是大损也。天下有益之事，即有足损者寓乎其中，不可不辨"[4]。颜之推以时人求名自损的实例，教诲子孙处世不可图虚名。他以邺下一人为例，该人出为襄国令后为求声誉，"凡遣兵役，握手送离，或赍梨枣饼饵，人人赠别"，以此博得了"民庶称之，不容于口"的名声，但是晋升为泗州别驾后，"此费日广，不可常周"，导致"一有伪情，触涂难继，功绩遂损败矣"[5]，可见无真诚、图虚名的行为必难持久，一旦难以周济维持，那么得来的虚名也将涣然冰释，徒受虚名之累而实无任何益处，终究不过黄粱一梦罢了。

所谓"人的名，树的影"，不图虚名并非不需要注重自己的名声。颜之推认为应当保持立名不求名的心态。首先，立名不仅可以让自己受到世人的尊敬，也能荫庇子孙，"夫修善立名者，亦犹筑室树果，生则获其利，死则遗其泽"[6]。其次，立名可以为世人树立良好榜样，引导社会风气向善向上，即"且劝一伯夷，而千万人立清风矣；劝一季札，而千万人立仁风矣；劝一柳下惠，而千万人立贞风矣；劝一史鱼，而千万人立直风矣"[7]。树立名声但不刻意追求名声，就能避免堕入图虚名而无诚心笃行的误区，通过立名为个人和社会带来积极效应。

1　檀作文译注.颜氏家训［M］.北京：中华书局，2011：172.
2　张英，张廷玉著.张舒，丛伟注.陈明审校.父子宰相家训［M］.北京：新星出版社，2015：120.
3　张英，张廷玉著.张舒，丛伟注.陈明审校.父子宰相家训［M］.北京：新星出版社，2015：116.
4　檀作文译注.曾国藩家书（上）［M］.北京：中华书局，2017：149—150.
5，7　檀作文译注.颜氏家训［M］.北京：中华书局，2011：175.
6　檀作文译注.颜氏家训［M］.北京：中华书局，2011：176.

在做到"诚"的过程中，要内外兼修，也要有所取舍。子曰："质胜文则野，文胜质则史。文质彬彬，然后君子。"[1]《礼记·礼器》有云："无本不立，无文不行。"[2]因此，在"诚"的问题上，不仅要有真诚、诚意的内心状态，还要用恰当的形式将之表达出来，简言之即"诚于中而形于外"。曾国藩以自己的切身体悟，告诫九弟曾国荃为人处世要真意、文饰俱备，"凡与人晋接周旋，若无真意，则不足以感人；然徒有真意而无文饰以将之，则真意亦无所托之以出"[3]。提醒弟弟在外办事时，要随时斟酌文与质的辩证关系，做到文质彬彬。颜之推以北齐孝昭帝侍奉娄太后有诚孝之心，却因不重文饰，以致遗诏中出现"恨不见太后山陵之事"的言辞失误，使后世讥其有欲母早死之嫌的事例，说明将"诚"以恰当方式表露于外的重要性，并评价道："孝为百行之首，犹须学以修饰之，况余事乎！"[4]

那么，在鱼与熊掌不可兼得，文与质不可俱备的情况下，又应何去何从呢？孔子给出的答案是：宁可形式有所欠缺，"诚"的本质也不容有失。在林放问礼之本时，孔子告诫林放："丧，与其易也，宁戚。"[5]在孔子的思想中，对于丧礼，与其仪式文辞周到而无真情流露，宁可过度悲哀而仪文有所不周。《礼记·檀弓上》中记载了孔子对子路的类似教诲，子路曰："吾闻诸夫子：丧礼，与其哀不足而礼有余也，不若礼不足而哀有余也。祭礼，与其敬不足而礼有余也，不若礼不足而敬有余也。"[6]所以袁采提出："人之孝行，根于诚笃，虽繁文末节不至，亦可以动天地、感鬼神。"强调内心的诚孝才是感动天地鬼神的根本原因，繁文末节的瑕疵不影响孝行的本质，并告诫那些"事亲不务诚笃，乃以声音笑貌缪为恭敬者"，失去内心真诚的孝，"其不为天地鬼神所诛则幸矣，况望其世世笃孝而门户昌隆者乎！"[7]

三、"信"的价值与内涵

关于"信"的价值，孔子有精辟的论述。子曰："人而无信，不知其可也。大车无輗，小车无軏，其何以行之哉？"[8]将"信"比作人立身处世的车轩和车

1　杨伯峻译注.论语译注（简体字本）[M].北京：中华书局，2017：87.
2　胡平生，张萌译注.礼记（上）[M].北京：中华书局，2017：443.
3　檀作文译注.曾国藩家书（中）[M].北京：中华书局，2017：1011.
4　檀作文译注.颜氏家训[M].北京：中华书局，2011：120.
5　杨伯峻译注.论语译注（简体字本）[M].北京：中华书局，2017：32.
6　胡平生，张萌译注.礼记（上）[M].北京：中华书局，2017：135.
7　袁采，朱柏庐著.陈延斌，陈姝瑾译注.袁氏世范 朱子家训[M].南京：江苏人民出版社，2019：26.
8　杨伯峻译注.论语译注（简体字本）[M].北京：中华书局，2017：28.

轨，无之则不可成行。《论语·颜渊》中记录了孔子和子路关于"信"的对话，孔子的结论是足食、足兵、民信三者之中，最重要的是民信，因为"自古皆有死，民无信不立"[1]。是以楚人有谚曰："得黄金百，不如得季布一诺。"[2]讲信用，重然诺，自古以来就是中华民族的传统美德，也是治国理政、家庭教育和个人修养的重要原则。周幽王"烽火戏诸侯"失信于诸侯，导致身死国灭；商鞅"立木为信"取信于民，开启秦国强盛之门；孟母买东家豚肉以食孟子明不欺，成就中华文明一代"亚圣"。[3]颜延之提出"夫信不逆彰，义必幽隐"[4]，表明如果信用不显扬，那么道义必然晦暗不明，难以施行于世，或者说一个人如果连信用都不讲，那么也必然是不明白道义之人，更难以相信其会施行道义了。颜之推指出："吾见世人，清名登而金贝入，信誉显而然诺亏，不知后之矛戟，毁前之干橹也。"[5]告诫那些以名求利，以信轻诺之人，要注重坚守清名和信誉，否则就将导致后之矛戟毁前之干橹，进而身败名裂的后果。

关于"信"的内涵，袁采归纳为"有所许诺，纤毫必偿；有所期约，时刻不易，所谓信也"[6]。张廷玉以韩琦对盗贼重然诺的故事，告诫子孙"有所许诺，纤毫必偿"的道理。韩琦在相州夜宿时，有盗贼入室，韩琦曰："几上器具，可值百千，尽以与汝。"盗贼提出："几上之物，已荷公赐，愿无泄也。"韩琦答应后，从未对外人提及此事。后来，盗窃者因为其他事情被判死刑，临死时主动将这件事情讲了出来，并说明主动坦白的原因，是其崇敬韩琦讲信用、重然诺的行为，怕自己死后，韩琦的高尚事迹不为世人所知晓。[7]《庄子·盗拓》中记载了"尾生抱柱"的故事："尾生与女子期于梁下，女子不来，水至不去，抱梁柱而死。"[8]其深刻体现出"有所期约，时刻不易"的"信"之内涵。

四、"信"的实现方式

在"信"的实现方式上，先以商业信用为例予以剖析。袁采列举了当时种种无商业信用的行为：一是卖假冒伪劣产品，例如"卖盐而杂以灰，卖漆而和以油"[9]，

1　杨伯峻译注.论语译注（简体字本）［M］.北京：中华书局，2017：178.
2　司马迁撰.史记（四）［M］.北京：中华书局，2011：2389.
3　韩婴撰.许维遹校释.韩诗外传集释［M］.北京：中华书局，2020：295.
4　诸葛亮，范仲淹著.余进江选编译注.历代家训名篇译注［M］.上海：上海古籍出版社，2020：107.
5　檀作文译注.颜氏家训［M］.北京：中华书局，2011：171.
6　袁采，朱柏庐著.陈延斌，陈姝瑾译注.袁氏世范 朱子家训［M］.南京：江苏人民出版社，2019：117.
7　张英，张廷玉著.张舒，丛伟注.陈明审校.父子宰相家训［M］.北京：新星出版社，2015：127.
8　方勇译注.庄子［M］.北京：中华书局，2015：509.
9　袁采，朱柏庐著.陈延斌，陈姝瑾译注.袁氏世范 朱子家训［M］.南京：江苏人民出版社，2019：263.

"绢帛之用胶糊，米麦之增湿润，肉食之灌以水，药材之易以他物。"[1]二是耍老赖，例如，有债不偿，"负人财物久而不偿，人苟索之，期以一月，如期索之，不售，又期以一月，如期索之，又不售，至于十数期而不售如初"[2]。或者不按期交货，"工匠制器，要其定资，责其所制之器，期以一月，如期索之，不得，又期以一月，如期索之，又不得，至于十数期而不得如初"[3]。三是商业欺诈，例如为富不仁者趁人之危，谋夺贱买他人之产业财物，"知其欲用之急，则阳距而阴钩之，以重扼其价"[4]。对于上述种种无信用的行为，袁采予以坚决反对，并以君子之道和因果循环的道理，诫勉子孙恪守信用。袁采引用张安国出榜戒约卖假药者的内容，阐明卖假药行为"谋财害命"的严重后果："寻常误杀一飞禽走兽犹有因果，况万物之中人命最重，无辜被祸，其痛何穷……"[5]指出那些趁人之危、谋夺他人财产者"方自窃喜，以为善谋"，却不知"天道好还，有及其身而获报者，有不在其身而在其子孙者。"[6]不讲信用者虽获眼前之小利，却损长久之大福。

袁采认为，经商之道必须做到三点：第一，"先存心地，凡物货必真"；第二，"又须敬惜"；第三，"又须不敢贪求厚利"。简而言之即货真、善存、价实，如此，则"任天理如何，虽目下所得之薄，必无后患"[7]。可见，货真价实、钱货两清的信用行为是商业精神的核心，也是发家致富、长保家运的重要方法。推而广之，商业行为中以货真价实、钱货两清作为"信"的实现方式，那么在国家治理中令出必行、使命必达就是政府取信于民的方式，在社会交际中有诺必践、有言必行则是取信于朋友的方式，在家庭生活中夫妻遵守感情承诺、承担抚养子女和赡养老人义务则是取信于家人的方式。

综上所述，不欺不伪是谓诚，不慕虚名、立名不求名是行诚道之方。不失所约是谓信，承诺必践、有期必守是行信道之方。"诚信"表里相依，目标相同，是个人立世之基、家庭和睦之方、社会运行之规、国家治理之则，也是奋斗之路上不可或缺的重要奋斗方法。

1，2　袁采，朱柏庐著．陈延斌，陈姝瑾译注．袁氏世范　朱子家训［M］．南京：江苏人民出版社，2019：149.
3，6　袁采，朱柏庐著．陈延斌，陈姝瑾译注．袁氏世范　朱子家训［M］．南京：江苏人民出版社，2019：150.
4　袁采，朱柏庐著．陈延斌，陈姝瑾译注．袁氏世范　朱子家训［M］．南京：江苏人民出版社，2019：253.
5　袁采，朱柏庐著．陈延斌，陈姝瑾译注．袁氏世范　朱子家训［M］．南京：江苏人民出版社，2019：152.
7　袁采，朱柏庐著．陈延斌，陈姝瑾译注．袁氏世范　朱子家训［M］．南京：江苏人民出版社，2019：263.

第四节　勤俭

　　"勤俭是我们的传家宝，什么时候都不能丢掉。"[1]"历览有国有家之兴者，皆由克勤克俭所致。其衰也，则反是。"[2]勤俭是个人、家庭乃至国家奋斗征程中都应高度重视的重要方法。

　　《左传》云："民生在勤，勤则不匮。"[3]俗语又云："一生之计在于勤"，所以勤是治生之道。老子曰："我恒有三宝，持而宝之。一曰慈，二曰俭，三曰不敢为天下先。夫慈，故能勇；俭，故能广；不敢为天下先，故能为成器长。"[4]诸葛亮说"俭以养德"[5]，所以俭是所用不乏、德行不亏之道。曾国藩指出"勤者，生动之气；俭者，收敛之气。"[6]勤为进取，开疆拓土之义，俭为坚守，保固已有之果，唯有两者并修并进，方能来者源源不断，去者细水长流，德行、学问与财利日增，声名、功业与用度不匮。

　　勤是治生之道。荷蓧丈人以"四体不勤，五谷不分"[7]讥讽子路而被孔子视为隐士高人。袁采感悟到"应高年飨富贵之人，必须少壮之时尝尽艰难，受尽辛苦，不曾有自少壮飨富贵安逸至老者"的人生规律，揭示出勤苦是实现奋斗目标的必由之路，告诫那些"欲不受辛苦，即飨富贵至终身""欲其子孙自少小安然飨大富贵"之人，不勤苦而享富贵之念"终于人力不能胜天"[8]曾国藩也认为"家之兴衰，人之穷通，皆于勤惰卜之"[9]。勤苦则家兴旺、人通达，懒惰则家衰败、人穷困，并作"勤字箴"以明勤学之道，箴曰："手眼俱到，心力交瘁，困知勉行，夜以继日。"[10]即勤学要眼看、手操、心悟，突破一层又一层困惑，日夜不懈地勤勉践行，方可学有所成。其实不唯学习，家计、事业无不需要勤苦努力，方可达至奋斗目标。颜之推针对南朝有些官员"治官则不了，营家则不办"的现象，认为其根本原因是不勤苦，"皆优闲之过也"[11]。在家计上，曾国藩劝勉子女要

1　中共中央党史和文献研究院编.习近平关于注重家庭家教家风建设论述摘编［M］.北京：中央文献出版社，2021：15.
2　檀作文译注.曾国藩家训［M］.北京：中华书局，2020：460.
3　郭丹，程小青，李彬源译注.左传（中）［M］.北京：中华书局，2012：805.
4　高明撰.帛书老子校注［M］.北京：中华书局，1996：160-161.
5　诸葛亮，范仲淹著.余进江选编译注.历代家训名篇译注［M］.上海：上海古籍出版社，2020：32.
6　檀作文译注.曾国藩家书（中）［M］.北京：中华书局，2017：1133.
7　杨伯峻译注.论语译注（简体字本）［M］.北京：中华书局，2017：277.
8　袁采，朱柏庐著.陈延斌，陈妹瑾译注.袁氏世范 朱子家训［M］.南京：江苏人民出版社，2019：107-108.
9　檀作文译注.曾国藩家训［M］.北京：中华书局，2020：419.
10　黎庶昌，王定安等撰.曾国藩年谱（附事略、荣哀录）［M］.长沙：岳麓书社，2017：143.
11　檀作文译注.颜氏家训［M］.北京：中华书局，2011：182.

"耐劳忍气"[1]，告诫短期多次操持婚嫁、送行等繁忙事务的儿子，虽然奔走烦劳，但因"现当家门鼎盛之时，炎凉之状不接于目，衣食之谋不萦于怀"，因此与"家常琐事劳其身""世态冷暖撄其心"而困苦不堪的寒士相比，理应感到知足。[2]在事业上，曾国藩主张"尤以习劳苦为办事之本"，告诫弟弟"引用一班能耐劳苦之正人，日久自有大效"，"办理营中小事，教训弁勇，仍宜以'勤'字作主"[3]。

俭是所用不乏、德行不亏之道。《荀子》荣辱篇云："约者有筐箧之藏，然而行不敢有舆马。是何也？非不欲也，几不长虑顾后而恐无以继之故也。"[4]所以孔子说"以约失之者鲜矣"[5]。懂得节俭之道的人，必会约束节制自己的奢侈、贪欲和非分之念，其所用必不至于匮乏，其德行必不至于败坏。老子视俭为"三宝"之一，历代贤达皆以俭为美名。张英引用谭子《化书》中的名句"天子知俭，则天下足；一人知俭，则一家足"[6]说明俭的功用，他告诫子孙要以俭为美名为美事："凡人少年，德性不定，每见人厌之曰'悭'，笑之曰'啬'，诮之曰'俭'，辄面发热，不知此最是美名。人肯以此谓之，亦最是美事，不必避讳。"[7]袁采也赞同贫俭是美称的观点："大抵曰贫曰俭自是贤德，又是美称，切不可以此为愧。"并且指出若能保持以贫俭为贤德美称的心态，"则无破家之患矣"[8]。张英还从戒满的角度阐述俭的价值："人生福享，皆有分数。惜福之人，福尝有余；暴殄之人，易至罄竭。"并且认为"不止财用当俭而已，一切事常思俭啬之义，方有余地""凡事省得一分，即受一分之益"。他详细列举俭于饮食、嗜欲、言语、交游、酬错、夜坐、饮酒、思虑等八个方面所带来的好处，告诫子孙"大约天下事，万不得已者，不过十之一二"。因此，要时常反思"此事亦尽可已，果属万不可已者乎？"[9]提倡通过反思财物花费、行为举止、劳烦心力是否确有必要，来促进对"俭"的认识和实践。袁采主张量体裁衣、量入为出，并提出节俭与浪费的判断标准："丰俭随其财力，则不谓之费；不量财力而为之，或虽财力可办而过于侈靡，近于不急，皆妄费也。"[10]针对有的人看起来非常节俭，但最终还

1　檀作文译注.曾国藩家训［M］.北京：中华书局，2020：278.
2　檀作文译注.曾国藩家训［M］.北京：中华书局，2020：209-210.
3　檀作文译注.曾国藩家书（中）［M］.北京：中华书局，2017：1269-1270.
4　方勇，李波译注.荀子［M］.北京：中华书局，2011：49.
5　杨伯峻译注.论语译注（简体字本）［M］.北京：中华书局，2017：57.
6　张英，张廷玉著.张舒，丛伟注.陈明审校.父子宰相家训［M］.北京：新星出版社，2015：85.
7　张英，张廷玉著.张舒，丛伟注.陈明审校.父子宰相家训［M］.北京：新星出版社，2015：49.
8　袁采，朱柏庐著.陈延斌，陈姝瑾译注.袁氏世范 朱子家训［M］.南京：江苏人民出版社，2019：260.
9　张英，张廷玉著.张舒，丛伟注.陈明审校.父子宰相家训［M］.北京：新星出版社，2015：17.
10　袁采，朱柏庐著.陈延斌，陈姝瑾译注.袁氏世范 朱子家训［M］.南京：江苏人民出版社，2019：167.

是匮乏窘迫的现象，袁采指出"盖百事节而无一事之费，则不至于匮乏；百事节而一事不节，则一事之费与百事不节同也"[1]，认为其主要原因是未能持之以恒地保持节俭作风。

从细目来讲，在中华优秀传统家训家风中，提出了勤俭为学、勤俭持家和俭而不吝的奋斗之方。

一、勤俭为学

颜真卿诗云："三更灯火五更鸡，正是男儿读书时。黑发不知勤学早，白首方悔读书迟。"千百年来被读书人作为勤学苦读的座右铭。祖逖"闻鸡起舞"，孙敬"头悬梁"，苏秦"锥刺股"，车胤、孙康"囊萤映雪"，朱买臣负薪不忘读书，李密牛角挂书苦读，不仅成就一生学业，也被后世尊为勤学典范。

颜之推根据一生经历见闻，总结出"父兄不可常依，乡国不可常保，一旦流离，无人庇荫，当自求诸身耳"[2]的宝贵人生经验。在奋斗之路上，功成名就者和平庸之辈的差别就在于："有志尚者，遂能磨砺，以就素业，无履立者，自兹堕慢，便为凡人。"[3]谚语有云："积财千万，不如薄伎在身。"三百六十行，行行出状元，但为什么一定要读书呢？颜之推告诉世人："伎之易习而可贵者，无过读书也。"人们都希望自己见识广博，精通人情世故，但却不愿意读书，这就是舍近求远，一叶障目不见泰山，被颜之推喻为"犹求饱而懒营馔，欲暖而惰裁衣也"[4]，所以他告诫子孙"自古明王圣帝，犹须勤学，况凡庶乎！""何惜数年勤学，长受一生愧辱哉！"[5]曾国藩告诫儿子，读书"须以勤敏行之"，切不可"今日半页，明日数页，又明日耽搁间断，或数年而不能毕一部"，否则就像煮饭一样，"歇火则冷，小火则不熟，须用大柴大火乃易成也"[6]。

可见，在中华优秀传统家风中，勤学思想是一以贯之的，勤学既是自立的依仗，又是修德的法门，也是成就事业的基础。但只有将"勤"贯穿于学的始终，以"大柴大火"般的勤苦攻书，方可将学业修至纯熟境界，为实现奋斗目标提供重要动能。

出于对知识和师道的尊崇，古人在学业方面并不苛求于俭。曾国藩年轻时就

1 袁采，朱柏庐著．陈延斌，陈姝瑾译注．袁氏世范 朱子家训［M］．南京：江苏人民出版社，2019：166-167.
2 檀作文译注．颜氏家训［M］．北京：中华书局，2011：98.
3 檀作文译注．颜氏家训［M］．北京：中华书局，2011：94.
4 檀作文译注．颜氏家训［M］．北京：中华书局，2011：98.
5 檀作文译注．颜氏家训［M］．北京：中华书局，2011：94-95.
6 檀作文译注．曾国藩家书（中）［M］．北京：中华书局，2017：945.

曾借百金购书，但其父竹亭公不仅没有责怪，反而在家境并不宽裕的情况下给予全力支持。在京师为官时，曾国藩常常购买书籍、毛笔等学习用具寄给家乡的弟弟们，即便在率领湘军与太平军作战期间，他也不忘让儿子开列所需书单，自己尽力为其搜集购买。在对待老师方面，曾国藩不仅对自己的老师多有资助，而且对家中教育子弟的塾师也不吝财物，多有优待和馈赠。

但是，虽然并不苛求于俭，古人还是提倡保读书人保持俭朴作风，在学习用度和器具置办方面反对奢华习气。曾国藩晚年告诫儿子："读书乃寒士本业，切不可有官家风味。"要求其在学业上保持寒素家风，"吾于书箱及文房器具，但求为寒士所能备者，不求珍异也"[1]。他用自己的实际行动为儿子树立起读书人的简朴学风和家风。

二、勤俭持家

勤俭持家是中华民族传统家庭美德。朱柏庐在《朱子家训》中指出："一粥一饭，当思来处不易；半丝半缕，恒念物力维艰。"[2]可谓精辟总结了勤俭持家的要义。

曾国藩在家书中指出："吾家累世以来，孝弟勤俭。"[3]同时，他反复告诫家人勤俭持家的重要意义。曾国藩认为，勤俭持家是安身之法。"少睡多做，一人之生气。"[4]"尔等奉母在寓，总以'勤'、'俭'二字自惕"[5]，"除'劳'字'俭'字之外，别无安身之法"[6]。勤俭持家是保家之道。"书、蔬、鱼、猪，一家之生气。"[7]"居家之道，惟崇俭可以长久。"[8]"遭此乱世，虽大富大贵，亦靠不住，惟'勤''俭'二字可以持久。"[9]勤俭持家也是兴家之要。"无论大家小家、士农工商，勤苦俭约，未有不兴，骄奢倦怠，未有不败。"[10]"有此二字，家运断无不兴之理。"[11]

勤俭持家的具体要求有哪些呢？总的来讲应当做到早起、戒奢戒惰、量入为出。

1　檀作文译注.曾国藩家训［M］.北京：中华书局，2020：445.
2　袁采，朱柏庐著.陈延斌，陈姝瑾译注.袁氏世范 朱子家训［M］.南京：江苏人民出版社，2019：287.
3　檀作文译注.曾国藩家训［M］.北京：中华书局，2020：303.
4，7，11　檀作文译注.曾国藩家书（中）［M］.北京：中华书局，2017：1133.
5　檀作文译注.曾国藩家训［M］.北京：中华书局，2020：328.
6　檀作文译注.曾国藩家训［M］.北京：中华书局，2020：164.4
8　檀作文译注.曾国藩家训［M］.北京：中华书局，2020：184.
9　檀作文译注.曾国藩家训［M］.北京：中华书局，2020：196.
10　檀作文译注.曾国藩家训［M］.北京：中华书局，2020：11.

一是早起。张英认为"居家最宜早起"，并列举了早起的三大好处：一是早起可保持全天精神爽朗，"冬夏皆当以日出而起，于夏尤宜。天地清旭之气，最为爽神，失之，甚为可惜"[1]。二是有客早来则家门整肃，否则"倘日高客至，童则垢面，婢且蓬头，庭除未扫，灶突犹寒，大非雅事"。三是可避免家人奴仆为奸盗诈伪之事，否则"日高如此，内外家长皆未起，一家奴仆，其为奸盗诈伪，何所不至耶？"[2]袁采也指出早起早睡可以"杜绝婢仆奸盗等事"[3]。曾国藩认为早起是勤的重要表现，主张"欲去'惰'字，总以不晏起为第一义"[4]，"家中大小，总以起早为第一义"[5]。不仅将"早起"列为自己必修的十三门课程之一，并且告诫子孙"早起是先人之家法"[6]，要求儿女"早晨要早起，莫坠高曾祖考以来相传之家风"[7]。他在家书中以"我朝列圣相承，总是寅正即起，至今二百年不改"[8]的君王治国大道，以"乡间早起之家，蔬菜茂盛之家，类多兴旺。晏起无蔬之家，类多衰弱"[9]的家道兴衰规律来说明早起的重要性，还逐一列举曾家"高曾祖考相传早起"的事例：曾祖竟希公、祖父星冈公"皆未明即起，竟日无片刻暇逸"[10]，父亲竹亭公"亦甫黎明即起，有事则不待黎明"[11]。所以，曾国藩在家书中反复提醒叮咛两个儿子："尔在家常能早起否？诸弟妹早起否？"[12]"尔每日起得早否？"[13]"尔既冠授室，当以早起为第一先务，自力行之，亦率新妇力行之。"[14]

二是戒奢戒惰。第一，日常用度戒奢。古语有云："由俭入奢易，由奢入俭难。"张英、张廷玉、杨椿和曾国藩等人深谙此理。张英在规划自己退休生活时，就立下"誓不著缎，不食人参"的原则，一方面固然因为物力的考虑，"细思吾乡米价，一石不过四钱，今日服参，价如之或倍之，是一人而兼百余人糊口之具，忍孰甚焉？侈孰甚焉？"另一方面也是崇俭的意识告诫自己"无论物力不及，亦不当为"[15]。张廷玉喜爱以园亭山林养性，但在修造园亭方面，却保持着"须

1, 2　张英，张廷玉著．张舒，丛伟注．陈明审校．父子宰相家训［M］．北京：新星出版社，2015：13．
3　袁采，朱柏庐等．陈延斌，陈姝瑾译注．袁氏世范 朱子家训［M］．南京：江苏人民出版社，2019：205．
4　檀作文译注．曾国藩家书（中）［M］．北京：中华书局，2017：1313．
5　檀作文译注．曾国藩家训［M］．北京：中华书局，2020：140．
6　檀作文译注．曾国藩家训［M］．北京：中华书局，2020：116．
7　檀作文译注．曾国藩家训［M］．北京：中华书局，2020：11．
8　檀作文译注．曾国藩家训［M］．北京：中华书局，2020：115．
9　檀作文译注．曾国藩家训［M］．北京：中华书局，2020：168．
10　檀作文译注．曾国藩家训［M］．北京：中华书局，2020：303．
11, 14　檀作文译注．曾国藩家训［M］．北京：中华书局，2020：115．
12　檀作文译注．曾国藩家训［M］．北京：中华书局，2020：197．
13　檀作文译注．曾国藩家训［M］．北京：中华书局，2020：105．
15　檀作文译注．曾国藩家训［M］．北京：中华书局，2020：115．

先有限制，勿存侈心"的原则，认为园亭的设计可大可小，本来一两百金可完工的工程，如果存有侈心，即便用至一两千金而犹觉不足。作为魏晋时期高门士族弘农杨氏的成员，杨椿追忆其祖父清河翁在"丈夫好服彩色"的时代，却"恒见翁著布衣韦带"，虽是名门望族但家风十分简朴，所以他观察到子孙的服饰"以渐华好"后，感叹"恭俭之德，渐不如上世也"[1]。曾国藩以曾祖竟希公读书时五个月仅花一文零用钱，祖父星冈公在曾国藩点翰林后仍然亲自种菜、收粪，以及父亲竹亭公的勤俭事例，告诫家中兄弟及后辈："今家中境地虽渐宽裕，侄与诸昆弟切不可忘却先世之艰难。有福不可享尽，有势不可使尽。"[2]告诫儿子："切不可贪爱奢华，不可惯习懒惰。"[3] "处乱世尤以戒奢侈为要义。"[4]曾国藩自己也力行简朴之风，"余服官二十年，不敢稍染官宦气习，饮食起居，尚守寒素家风，极俭也可，略丰也可，太丰则吾不敢也"[5]。当曾国藩官至封疆大吏之时，其全部衣物总共不值三百金，可谓简朴至极。在安排富圫的新居装修时，曾国藩要求儿子置办家具"但求结实，不求华贵"[6]，并且在新居的其他事宜上也要"一切须存此意。莫作代代做官之想，须作代代做士民之想"[7]，体现出强烈的节俭意识。曾国藩深以妇女之奢逸为虑，认为"凡世家之不勤不俭者，验之于内眷而毕露"[8]，要求"内间妯娌不可多写铺帐"[9]，"莫着华丽衣服"，"莫多用仆婢雇工"[10]。曾国藩指出："凡吃药、染布及在省、在县托买货物，若不分开，则彼此以多为贵，以奢为尚，漫无节制，此败家之气象也。"为了防止家中各房用度出现攀比奢侈之风，他在家书中要求主持家政的四弟曾国潢，一定要"分别用度，力求节省"，并且表明自己也会身体力行，绝不会在各房分开用度之后，私自寄钱给妻儿，凡是所寄的银钱，每一分都会从曾国潢手中经过，以示公允。[11]第二，行为戒惰。颜之推以"梁世士大夫，皆尚褒衣博带，大冠高履，出则车舆，入则扶侍，郊郭之内，无乘马者"导致侯景之乱时，士大夫们"肤脆骨柔，不堪行步，体羸气弱，

1 诸葛亮，范仲淹著．余进江选编译注．历代家训名篇译注［M］．上海：上海古籍出版社，2020：123.
2 檀作文译注．曾国藩家训［M］．北京：中华书局，2020：303.
3 檀作文译注．曾国藩家训［M］．北京：中华书局，2020：11.
4 檀作文译注．曾国藩家训［M］．北京：中华书局，2020：184.
5 檀作文译注．曾国藩家训［M］．北京：中华书局，2020：10.
6 檀作文译注．曾国藩家训［M］．北京：中华书局，2020：404.
7 檀作文译注．曾国藩家训［M］．北京：中华书局，2020：445.
8 檀作文译注．曾国藩家训［M］．北京：中华书局，2020：328.
9 檀作文译注．曾国藩家书（中）［M］．北京：中华书局，2017：1133.
10 檀作文译注．曾国藩家训［M］．北京：中华书局，2020：303.
11 檀作文译注．曾国藩家书（中）［M］．北京：中华书局，2017：1128.

不耐寒暑，坐死仓猝者，往往而然"[1]的事例，告诫子弟要勤苦，不可陷于懒惰。曾国藩以"无论大家小家、士农工商，勤苦俭约，未有不兴，骄奢倦怠，未有不败"的道理，告诫儿子"不可贪爱奢华，不可惯习懒惰"[2]，要求"后辈诸儿须走路，不可坐轿骑马。诸女莫太懒，宜学烧茶煮菜"[3]。第三，婚丧从俭。曾国藩对女儿们的婚嫁定了一个规矩："妆奁之资二百金"，家书中可见，曾国藩四个女儿出嫁，嫁妆从未超过此数。[4]在后事安排方面，曾国藩也体现出节俭的作风，由于长年在外做官，曾国藩担心自己一旦长逝，如果儿子把书籍、木器等过于繁重之物全部带回家乡，将花费巨额的运费，因此他专门交代儿子："细心分别去留，可送者分送，可毁者焚毁，其必不可弃者乃行带归，毋贪琐物而花途费。"[5]颜之推对自己的丧礼甚至常年祭祀都提出了从俭的要求，在丧礼方面，收敛则"沐浴而已，不劳复魄，殓以常衣"。棺椁随葬品则"松棺二寸，衣帽已外，一不得自随，床上唯施七星板"。出殡起墓则"载以鳖甲车，衬土而下，平地无坟"。在祭祀方面，要求"灵筵勿设枕几，朔望祥禫，唯下白粥清水干枣，不得有酒肉饼果之祭"，并阐明如此要求有两点考虑：一是减轻子孙后代的家庭生活负担，避免因大操大办丧礼、祭祀，而增加后代经济负担，即"勿剖竭生资，使冻馁也"。二是颜之推信仰佛教，认为祭祀只是儒家教化世人不忘孝道的法门，但是在佛教教义上来说，祭祀对于死者并没有什么特别的好处，而且如果"杀生为之，翻增罪累"。因此希望后代如要祭祀，做到"有时斋供，及七月半盂兰盆"就可以了。[6]源贺也在遗书中告诫儿子，自己的丧事要一切从俭："吾终之后，所葬，时服单棱，足申孝心，蒭灵明器，一无用也。"[7]

三是量入为出。为何要量入为出？颜延之认为量入为出是天道规律与家计法门，"量时发敛，视岁穰俭，省赡以奉己，损散以及人，此用天之善，御生之得也"[8]。张英认为量入为出是避免饥寒的要诀，如若不能量入为出，则必至负债鬻产，一旦丧失恒产则不能免于饥寒，指出"饥寒由于鬻产，鬻产由于债负，债负由于不

1　檀作文译注.颜氏家训［M］.北京：中华书局，2011：181.
2　檀作文译注.曾国藩家训［M］.北京：中华书局，2020：11.
3　檀作文译注.曾国藩家书（中）［M］.北京：中华书局，2017：1133.
4　檀作文译注.曾国藩家书［M］.北京：中华书局，2020：184，196，200，209，424.
5　檀作文译注.曾国藩家训［M］.北京：中华书局，2020：455.
6　檀作文译注.颜氏家训［M］.北京：中华书局，2011.10：321—322.
7　诸葛亮，范仲淹著，余进江选编译注.历代家训名篇译注［M］.上海：上海古籍出版社，2020：121.
8　诸葛亮，范仲淹著，余进江选编译注.历代家训名篇译注［M］.上海：上海古籍出版社，2020：91.

经，相因之理，一定不易"[1]。袁采则从起家之人和倾覆破荡者两个视角论述量入为出的重要性，对于起家之人而言，"盖服、食、器、用及吉凶百费，规模浅狭，尚循其旧，故日入之数多于已出，此所以常有余"。在起家之人身故后，如果后世子孙不能继承其身份地位，则"无前日之俸给、馈遗、使令之人，其日用百费非出家财不可"。当传至倾覆破荡者时，在收入不如起家之时的情况下，又不能远谋损节、量入为出，仍然保持起家之后服、食、器、用及吉凶百费的旧时规模，则虽是大贵之家，由于常年入不敷出，也必然渐至倾家荡产之境。[2]

在张英、张廷玉和曾国藩等人的眼中，陆梭山的居家之法是"量入为出"的典范。何为陆梭山居家之法？简而言之："以一岁所入，除完官粮外，分为三分。存一分以为水旱及意外之费，其余二分析为十二分，每月用一分，但许存余，不许过界。能从每日饮食杂用加意节省，使一月之用常有余，别置一处，不入经费，留以为亲戚朋友小小周济缓急之用，亦远怨积德之道，可恃以长久者也。"苏东坡的居家之法与陆梭山之法类似，即"以百五十钱为一块，每日只用画杈挑取一块，尽此钱为度，决不用明日之钱"[3]。总而言之，无论是陆梭山还是苏东坡，其居家之法都是限定一段时期的吃穿用度常费，克俭节省，只准有赢余，而不得有亏空。如此一来，涓滴之余也能积累出深厚家底，不仅没有破家荡产之患，而且也有足够的经济财力抵御不虞之灾，甚至可以资助救济亲族友邻，为家族祥和、家庭兴旺积德累善。

以古观今，通过古人早起、戒奢戒惰、量入维持的勤俭持家思想反观现实生活。则宅男宅女们日上三竿不起、十指不沾阳春水的惰性，家境优渥者日常用度挥金如土、出则豪车、入则保姆、衣必亮丽、包必名牌、豪奢装修、风光大葬、千万级婚礼的奢华之风，部分年轻人月光、啃老、超前消费、网络赌博、攀比炫富等不俭习气，实为当代优秀家风涵育中必须高度警惕，并予以坚决纠正的陋习恶习。

三、俭而不吝

孔子对奢与俭、俭与吝的关系有着对比性的阐释。在奢与俭中，孔子选择了俭。子曰："奢则不孙，俭则固；与其不孙也，宁固。"[4]在俭与吝中，孔子则

1 张英，张廷玉著．张舒，丛伟注．陈明审校．父子宰相家训［M］．北京：新星出版社，2015：86.
2 袁采，朱柏庐著．陈延斌，陈妹瑾译注．袁氏世范 朱子家训［M］．南京：江苏人民出版社，2019：163-164.
3 张英，张廷玉著．张舒，丛伟注．陈明审校．父子宰相家训［M］．北京：新星出版社，2015：85.
4 杨伯峻译注．论语译注（简体字本）［M］．北京：中华书局，2017：110.

将奢视为与奢一样不可取，还是坚持了俭。子曰："如有周公之才之美，使骄且吝，吝其余不足观也已。"[1]颜之推也主张"可俭而不可吝"，他指出"俭者，省约为礼之谓也；吝者，穷急不恤之谓也。今有施则奢，俭则吝；如能施而不奢，俭而不吝，可矣"[2]。所以，俭是中庸之道，奢则过，吝则不及，唯有"俭而不吝"才能常保中庸，保家庭之安宁，行天下之大道。

《史记·越王勾践世家》中"范蠡救子"的故事，生动地说明了俭而不吝的重要性。范蠡第二个儿子因杀人被囚禁于楚国，范蠡欲以千金救之，本欲派能弃财的少子前往楚国营救，结果在妻子的劝说下派了重财的长子前往，长子至楚后，虽按父亲吩咐馈赠千金给楚王的廉直之臣庄生，但在听闻二弟即将被释放后，又向庄生索回所赠千金，结果导致二弟被杀。范蠡在长子携二子之丧回家时，独笑曰："吾固知必杀其弟也！彼非不爱其弟，顾有所不能忍者也。是少与我俱，见苦，为生难，故重弃财。至如少弟者，生而见我富，乘坚驱良逐狡兔，岂知财所从来，故轻弃之，非所惜吝。前日吾所为欲遣少子，固为其能弃财故也。而长者不能，故卒以杀其弟，事之理也，无足悲者。吾日夜固以望其丧之来也。"[3]可见，崇尚节俭并非错事，但是如果存有吝啬之心，则难于成事，用之于家计，也断难使家庭长久兴旺。

第五章　谦敬

《周易》云："谦：亨，君子有终。""劳谦，君子有终，吉。"《彖》曰："谦，尊而光，卑而不可逾，君子之终也。"《象》曰："谦。君子以裒多益寡，称物平施。""'谦谦君子'，卑以自牧也。""'劳谦君子'，万民服也。"[4]概而言之，在《周易》的理论中，谦象征着谦虚、亨通、吉利，所以说"谦退是保身第一法"[5]。不仅如此，谦的好处还表现在处于尊位可得荣光，处于卑位也能不被超越，总之都会得到好的结果。那么怎样做到谦呢？一是卑以自牧，即用谦卑的品性修养自己的道德，二是在对待事物时损多益寡，通过权衡轻重以达到公平施予的效果。如果能做到

1　杨伯峻译注．论语译注（简体字本）[M]．北京：中华书局，2017：117.
2　檀作文译注．颜氏家训[M]．北京：中华书局，2011：35-36.
3　司马迁撰．史记（三）[M]．北京：中华书局，2011：1578-1580.
4　杨天才，张善文译注．周易[M]．北京：中华书局，2011：149-153.
5　成敏译注．小窗幽记[M]．北京：中华书局，2016：14.

"劳谦君子"，即有功劳还很谦虚，那么不仅结果吉祥，还会被他人甚至天下万民所信服和赞誉，形成"一味谦和谨饬，则人情服而名誉日起"的良好效果。[1]

《周易·系辞上》中记载了孔子对"劳谦，君子有终，吉"的解释。子曰："劳而不伐，有功而不德，厚之至也。语以其功下人者也。德言盛，礼言恭；谦也者，致恭以存其位者也。"[2]从中可以看出，谦与敬紧密相关，所谓"礼言恭"就是礼节贵在恭敬的意思，谦虚的含义，就在于对人恭敬以保存自己的地位。而袁采在《袁氏世范》中对敬的定义是"礼貌卑下，言辞谦恭"[3]。可见，谦与敬互为表里，相互依存，内心谦和之人形之于外则必然恭敬有礼，恭敬有礼之人其内心必存一团谦和气象，对内心敬重之人态度必会谦和，态度谦和以对之人必因对其心存敬意。

谦敬皆由心生，谦敬皆有外显，谦敬可以表现在睦家、立业、处世等多个方面。

一、谦敬由心生

孟子曰："食而弗爱，豕交之也；爱而不敬，兽畜之也。恭敬者，币之未将者也。恭敬而无实，君子不可虚拘。"[4]如果恭敬不是发自内心，那么就只是徒有其表的虚假礼文，并非真正的敬，君子不会因此而拘于虚礼行事。孔子主张"祭礼，与其敬不足而礼有余也，不若礼不足而敬有余也"[5]，"小人皆能养其亲，君子不敬，何以辨？"[6]皆表明敬要由心生，否则徒有礼文，不足以表其诚，虽有赡养，不足以明其孝也。谦也一样，如不发自内心，初看似外表谦和，却不免内心自负，待其傲气纵横之时，则必然泄露于外而不可掩。曾国藩通过反思早年行为，感悟出"乃知自己全无本领，凡事都见得人家有几分是处"[7]的处世之则，可谓心生谦敬的典范。

要做到谦敬发自内心，必须领悟满招损，谦受益；敬人者，人恒敬之；敬不拘于礼等三大要义。

一是满招损，谦受益。张英认为："揆之天道，有'满损谦益'之义；揆之鬼神，有'亏盈福谦'之理。自古祇闻'忍'与'让'，足以消无穷之灾悔，未闻'忍'

1 张英，张廷玉著.张舒，丛伟注.陈明审校.父子宰相家训［M］.北京：新星出版社，2015：78.
2 杨天才，张善文译注.周易［M］.北京：中华书局，2011：580.
3 袁采，朱柏庐著.陈延斌，陈姝瑾译注.袁氏世范 朱子家训［M］.南京：江苏人民出版社，2019：117.
4 杨伯峻译注.孟子译注［M］.北京：中华书局，2010：295.
5 胡平生，张萌译注.礼记（上）［M］.北京：中华书局，2017：135.
6 胡平生，张萌译注.礼记（下）［M］.北京：中华书局，2017：994.
7 檀作文译注.曾国藩家书（下）［M］.北京：中华书局，2017：2058

与'让'，翻以酿后来之祸患也。"[1]日中则昃、月满则亏的自然现象，体现出天道、地道、人道和鬼神都是反对盈满，而增益、赐福谦虚。盈满则生傲骄，傲骄乃致败之源。谚云："富家子弟多骄，贵家子弟多傲。"老子曰"富贵而骄，自遗咎也。"[2]《孝经》诸侯章有云："在上不骄，高而不危；制节谨度，满而不溢。高而不危，所以长守贵也。满而不溢，所以长守富也。"[3]所以要常保富贵，就必须不骄不傲，发自内心的遵守谦和之道以保永吉。要有老子"不敢为天下先"的心态，将谦和之意融于心而形于行，将其作为修身、处世和奋斗路上的珍宝"持而宝之"，如此方能成长为大器、成就大功业。曾国藩指出"古来言凶德致败者约有二端：曰长傲，曰多言"[4]，并且以军事上的成败来推演万事之理，认为"天下古今之才人，皆以一'傲'字致败"[5]。"大约军事之败，非傲即惰，二者必居其一。巨室之败，非傲即惰，二者必居其一。"因此，要"以除'傲'字为第一义"[6]。那么傲都有哪些表现呢？如古时之丹朱、象皆傲，"强足以拒谏，辩足以饰非""谓己曰天命，谓敬不足行"的桀纣是傲，取之近譬，曾国藩指出："凡畏人不敢妄议论者，谦谨者也。凡好讥评人短者，骄傲者也。""非必锦衣玉食、动手打人，而后谓之骄傲也。但使志得意满，毫无畏忌，开口议人短长，即是极骄极傲耳。"[7]所以"欲去'骄'字，总以不轻非笑人为第一义"[8]。袁采也认为："凡人行己公平正直，可用此以事神，而不可恃此以慢神；可用此以事人，而不可恃此以傲人。"有德有才之人，可以德才事天事人，但应保持一颗谦敬之心，不可持才傲物、以直骄人，否则即便是君子，也可能招致灾祸，即袁采所谓"至于君子而偶罹于灾祸者，多由自负以召致之耳"[9]。只有"不以所能干众，不以所长议物，渊泰入道，与天为人者"，才可以真正称得上是有君子操行的上士，而那些"言不出于户牖，自以为道义久立，才未信于仆妾，而曰我有以过人"的自负者，可能就会遭遇"千人所指，无病自死"的社会性死亡问题了。[10]

二是敬人者，人恒敬之。孟子曰："君子所以异于人者，以其存心也。君子

1　张英，张廷玉著．张舒，丛伟注．陈明审校．父子宰相家训［M］．北京：新星出版社，2015：77.
2　高明撰．帛书老子校注［M］．北京：中华书局，1996：261.
3　胡平生译注．孝经译注［M］．北京：中华书局，1996：6.
4　檀作文译注．曾国藩家书（中）［M］．北京：中华书局，2017：1024.
5　檀作文译注．曾国藩家书（中）［M］．北京：中华书局，2017：1284.
6　檀作文译注．曾国藩家书（中）［M］．北京：中华书局，2017：1285-1286.
7　檀作文译注．曾国藩家书（中）［M］．北京：中华书局，2017：1319.
8　檀作文译注．曾国藩家书（中）［M］．北京：中华书局，2017：1313.
9　袁采，朱柏庐著．陈延斌，陈姝瑾译注．袁氏世范 朱子家训［M］．南京：江苏人民出版社，2019：122.
10　诸葛亮，范仲淹著．余进江选编译注．历代家训名篇译注［M］．上海：上海古籍出版社，2020：86.

以仁存心，以礼存心。仁者爱人，有礼者敬人。爱人者，人恒爱之；敬人者，人恒敬之。"[1]君子与常人不同之处就在于能存心于仁、礼，进而自然爱敬他人。那些不能做到真正谦敬，只是"矫饰假伪，其中心则轻薄"[2]之人，往往居心不正，虽可一时以巧伪之敬示人，但终不能长久，久必彰其伪而损其敬，被君子指斥为阿谀奸佞之人，自然也难以受到他人的信服与敬重。

三是敬不拘于礼。《礼记·坊记》曰："礼者，因人之情而为之节文，以为民坊者也。"[3]礼的本义，是根据人的情感、性情进行调节制约，以作为人的行为规范，其本质在于顺应人情、规范人行，注重的是人内心的敬，而不是外表的仪规。所以在敬父母的问题上，内心的敬意重于外在的礼节。颜之推认为，古人李构因父被杀，见画中人被截断而悲怆，陆襄因父遭到刑勠，食素且不以刀切割菜品，姚子笃因母以烧死，终生不食烤肉，熊康因父醉酒被奴仆所杀，终身不复尝酒之类的行为，内有敬意，外有合人情之仪规，可谓内外合一，体现了敬的本义。但是"礼缘人情，恩由义断"[4]，如果双亲有因噎而死者，子女就以此类推而绝食，则显然不近人情，拘于所谓的礼而丧失了敬的本义。又如对父母遗物的处理方式问题，父母留下的物品固当妥善保存，如常阅之书、常用之杯等手口之泽，不忍读用可以理解，但是对于"寻常坟典，为生什物，安可悉废之乎？"[5]还是应当物尽其用，不可拘于礼而置之不用，此并非礼之本义，也不是敬的核心。颜之推驳斥了世人对《礼记》"忌日不乐"的错误理解，他指出之所以忌日"不接外宾，不理众务"，主要是出于对亲人的敬而"感慕罔极，恻怆无聊"，但是世人徒取其忌日不接外宾的形式，以至于"迫有急卒，密戚至交，尽无相见之理"，而自己却"端坐奥室，不妨言笑，盛营甘美，厚供斋食"，内心毫无追慕亲人的悲怆。对于这一畸形现象，颜之推质疑道："必能悲惨自居，何限于深藏也？"认为此种行为恰恰背离了"忌日不乐"的敬之本义，徒拘虚文，有其表而无其实，可谓昏聩之行也。[6]

二、谦敬睦家

谦敬对于家庭和睦具有重要意义，可以为奋斗者奠定良好的家庭基础。谦敬

1　杨伯峻译注.孟子译注［M］.北京：中华书局，2010：182.
2　袁采，朱柏庐著.陈延斌，陈姝瑾译注.袁氏世范 朱子家训［M］.南京：江苏人民出版社，2019：117.
3　胡平生，张萌译注.礼记（下）［M］.北京：中华书局，2017：985.
4　檀作文译注.颜氏家训［M］.北京：中华书局，2011：71.
5　檀作文译注.颜氏家训［M］.北京：中华书局，2011：73.
6　檀作文译注.颜氏家训［M］.北京：中华书局，2011：75.

睦家主要从敬祖先、敬父母、兄弟谦敬、敬宗族姻亲等四个方面着手。

一是敬祖先。曾子曰:"慎终,追远,民德归厚矣。"[1]曾国藩认为:"凡人家不讲究祭祀,纵然兴旺,亦不久长。"所以他要求"凡器皿第一等好者留作祭祀之用,饮食第一等好者亦备祭祀之需。"[2]"家中遇祭,酒菜必须夫人率妇女亲自经手。祭祀之器皿,另作一箱收之,平日不可动用。"并且特别叮嘱夫人"吾夫妇居心行事,各房及子孙皆依以为榜样,不可不劳苦,不可不谨慎。"[3]通过重视祭祀,以示对祖先的崇敬,从而凝聚家族共同意志,实现家庭团结和睦,为家族的共同奋斗营造良好的家庭氛围。

二是敬父母。在孝的问题上,孔子认为尊敬父母是孝的重要内容,孝不能仅仅体现在赡养上,因为"至于犬马,皆能有养"[4],如果只是赡养而不尊敬父母,那么与养犬马又怎么进行区别呢?尊敬父母也有一定的表达形式,孔子将其概括为"生,事之以礼;死,葬之以礼,祭之以礼"[5]。事之以礼表现为两个方面:第一,劝诫父母以礼。在父母有过失时,给予谏言应当做到:"事父母几谏,见志不从,又敬不违,劳而不怨。"[6]"但当谕亲于道,不可疵议细节。"[7]总体上讲,就是劝诫父母要和颜悦色,不可对父母声色俱厉地横加指责,更不能在细微处苛责父母,如果父母没有听从劝谏,那么儿女还是应当一如既往地尊敬父母,不可心生亵渎怠慢之意。第二,侍奉父母以礼。张廷玉主张尊敬父祖,应当以"服习教训为先",而并非拘泥于名号避讳等形式上的小节。曾国藩特别注重儿媳尊重公婆、女婿尊重岳父母的问题,他多次提醒儿子关心其岳父母家的情况,告诫女儿要敬事公婆,"慎无重母家而轻夫家,效浇俗小家之陋习也"[8]。当然敬父母还包括葬祭以礼的问题,与前述敬祖先类似,此处不再赘述。

三是兄弟谦敬。颜之推指出"兄弟者,分形连气之人也",认为在父母去世后,"兄弟相顾,当如形之与影,声之与响",如果兄弟不相敬重谦让,那么必然导致兄弟关系不和睦,兄弟离心离德则"行路皆踏其面而蹈其心",最终损害的是家庭整体发展。所以颜之推批评那些"交天下之士,皆有欢爱,而失敬于兄者",

---

1 杨伯峻译注.论语译注(简体字本)[M].北京:中华书局,2017:8.
2 檀作文译注.曾国藩家训[M].北京:中华书局,2020:119.
3 檀作文译注.曾国藩家训[M].北京:中华书局,2020:442.
4 杨伯峻译注.论语译注(简体字本)[M].北京:中华书局,2017:19.
5 杨伯峻译注.论语译注(简体字本)[M].北京:中华书局,2017:17.
6 杨伯峻译注.论语译注(简体字本)[M].北京:中华书局,2017:55.
7 檀作文译注.曾国藩家书(上)[M].北京:中华书局,2017:169.
8 檀作文译注.曾国藩家训[M].北京:中华书局,2020:301.

对他人都能以敬相待，偏偏却不能敬重兄长，是"何其能多而不能少也"，那些"将数万之师，得其死力，而失恩于弟者"，对万人都能以恩得其死力，却偏偏对弟弟缺乏关爱，是"何其能疏而不能亲也"。[1]曾国藩在家书中告诫夫人要像自己一样诚敬对待弟弟，"澄叔待兄与嫂极诚极敬，我夫妇宜以诚敬待之，大小事丝毫不可瞒他，自然愈久愈亲"[2]。体现出兄弟互相尊重、以诚相待的良好家风，可能这也正是曾氏家族迅速兴盛的重要原因。颜之推列举历史上共叔段、州吁、高俨、袁谭等兄弟之间不相敬重谦让，甚至互为攻伐，最终导致家破人亡等反面典型，又举刘琎衣冠不整不敢应其兄之呼等兄弟相敬的正面典型，告诫子孙以正反事例为灵龟明鉴，兄弟之间相互敬爱谦让，营造和谐家庭关系，为兴家旺族而团结奋斗。袁采剖析了"骨肉之失欢，有本于至微而终至不可解者"的原因，认为如果"相失之后，有一人能先下气，与之话言，则彼此酬复，遂如平时矣"。只要骨肉兄弟之间能互存谦下之心，那么即便产生矛盾争执，甚至负气失欢，也必能慢慢化解，不至于步入"终至不可解者"的绝境。[3]但是，兄弟之间是否谦敬不仅与双方有关，父母也会对兄弟关系产生重要影响，颜之推就指出"共叔之死，母实为之；赵王之戮，父实使之"[4]。如果父母偏私，对子女不能平等对待，那么子女间便容易发生不相敬重，不愿谦让，甚至相互怨恨的问题，进而导致兄弟不和，家庭不宁，为人父母者不可不深思规避也。

四是敬宗族姻亲。曾国藩高度重视对宗族姻亲的礼敬问题，他告诫弟弟："至于宗族姻党，无论他与我家有隙无隙，在弟辈只宜一概爱之敬之。"[5]"老亲旧眷，贫贱族党，不可怠慢。"[6]所谓"亲戚"，即为关系亲密、休戚与共之人。宗族姻亲，本是基于血缘或婚姻形成的有亲近关系之人，那么无论其贫贱富贵、地位高低，均应一视同仁，给予基本的尊重，那些以贫富、地位论亲疏的势利之举，实不该用于对待宗族姻亲。在具体方式上，一是对待宗族姻亲要做到温颜下气，因为"亲戚故旧，因言语而失欢者，未必其言语之伤人，多是颜色辞气暴厉，能激人之怒"。二是要戒怒时与宗族姻亲言语，因为"方其有怒，与他人言，必不卑逊"[7]。如果言辞不能谦和，颜色又暴厉，则何处可以体现出对宗族姻亲的敬意呢？

1　檀作文译注.颜氏家训［M］.北京：中华书局，2011：19-22.
2　檀作文译注.曾国藩家训［M］.北京：中华书局，2020：443.
3　袁采，朱柏庐著.陈延斌，陈姝瑾译注.袁氏世范 朱子家训［M］.南京：江苏人民出版社，2019：23.
4　檀作文译注.颜氏家训［M］.北京：中华书局，2011：16.
5　檀作文译注.曾国藩家书（上）［M］.北京：中华书局，2017：315-316.
6　檀作文译注.曾国藩家书（下）［M］.北京：中华书局，2017：2009.
7　袁采，朱柏庐著.陈延斌，陈姝瑾译注.袁氏世范 朱子家训［M］.南京：江苏人民出版社，2019：142.

三、谦敬立业

立业首先要敬业。敬业是社会主义核心价值观的重要内容，也是中华优秀传统家风的核心内涵，认真对待事业，才能保证事业发展的基本动力。林则徐"苟利国家生死以，岂因祸福避趋之"，范仲淹"先天下之忧而忧，后天下之乐而乐"，元稹"效职无避祸之心，临事有致命之志"[1]等名句，生动阐释了敬业的最高境界，即为了国家、民族事业可以不计祸福，甚至献出生命，体现出中国古代知识分子强烈的敬业精神，值得当世之人学习效仿。

敬业有三大要求：一是不懈怠，二是知进退，三是坚守职业准则。

敬业要求不懈怠。子路问政，孔子在"先之劳之"之外，还提出"无倦"[2]的要求，即保持对事业永不懈怠的心态。曾国藩《居敬箴》中言："何事可弛？弛事者无成。"[3]以箴言提醒自己做事不可懈怠，否则将一事无成。吕叔简告诫为官者，要明白"做官都是苦事，为官原是苦人"的道理，要秉持"圣贤胼手胝足，劳心焦思，惟天下之安而后乐"的敬业精神为官，官职越高，越要明白职责之重，更要以永不懈怠的心态夙夜在公、忧勤为国。[4]总之，保持对事业的敬意，尽心尽力做好本职工作，将自己的事业融入国家和社会发展大局之中，以永不懈怠的心态守好岗位，是敬业的基本要求。

敬业要求知进退。张廷玉认为："臣子事君，能供职者，以供职为报恩；不能供职者，即以退休为报恩。"[5]提倡在年老、疾病或能力不足的情况下，如果不能胜任岗位则及时退职，为贤才开登进之路，这也是对工作和事业的高度负责，是敬业精神的题中之意。

敬业要求坚守职业准则。子曰："乡愿，德之贼也。"[6]乡愿，即无是非之心的好好先生。张廷玉主张："乡愿之事，势不能为。"认为作为官员管理政事，就要做好甄别善恶是非的本职工作，坚守职业道德和准则，施行赏善罚恶，不能为了"无怨"而不履行职责。通过管仲夺伯氏骈邑三百，没齿无怨言；诸葛亮废廖立为民，徙之汶山，武侯死而廖立泣的事例，说明以公正之心坚持职业准则，不仅有益于事业健康发展，最终也将使个人获得世人认可。对于那些"小不如己

1　诸葛亮，范仲淹著．余进江选编译注．历代家训名篇译注［M］．上海：上海古籍出版社，2020：173.（元稹·诲侄等书）
2　杨伯峻译注．论语译注（简体字本）［M］．北京：中华书局，2017：188.
3　檀作文译注．曾国藩家书（上）［M］．北京：中华书局，2017.04：253.
4　张英，张廷玉著．张舒，丛伟注．陈明审校．父子宰相家训［M］．北京：新星出版社，2015：142.
5　张英，张廷玉著．张舒，丛伟注．陈明审校．父子宰相家训［M］．北京：新星出版社，2015：108.
6　杨伯峻译注．论语译注（简体字本）［M］．北京：中华书局，2017：264.

意，则衔之终身"的世俗之人，就更无必要为释其怨非而枉道废法了。[1]

立业还要有谦逊之心。事业上不冒进，不骄傲自满，不因取得一定成绩就沾沾自喜，才能保证事业平稳持久发展。曾国藩认为谦虚以求益才能加速事业发展，"若事事勤思善问，何患不一日千里？"[2]程颐晚年写成《易传》，门人请求出版，但程颐却回以"更俟学有所进"的答复；张廷玉将之与"今之学者，偶有著作甫脱稿，而即付剞劂"的汲汲名利心态进行对比[3]，强调立学业不可急功近利，要有一颗谦逊的心，厚积薄发方可成就大学问。"然徒谦亦不好，总要努力前进。"[4]立业仅靠谦逊是不够的，有时还应秉持坚定不移的强矫之心，必须深刻理解强矫与谦退的辩证关系，应事应时而变，根据时事选择强矫或谦退，曾国藩认为趋事赴公、开创家业、出与人物应接则当强矫，而争名逐利、守成安乐、入与妻孥享受则当谦退。如果一边享受建功立业的大名声，一边又求田问舍贪图富实的家境，那么就有违谦退之意，将因过于盈满而难于长久。[5]

四、谦敬处世

谦敬处世，主要包括三个方面的内容：一是不自矜自伐，二是恭敬待人，三是谦退不争。

谦敬处世的基本要求是不自矜自伐。老子曰："不自是故彰，不自见故名，不自伐故有功，弗矜故能长。"[6]唯有自视卑下，才能成就彰显其功业名望。颜之推对当时文人"一事惬当，一句清巧，神厉九霄，志凌千载，自吟自赏，不觉更有傍人"的矜伐自傲现象进行了猛烈抨击，认为要"深宜防虑，以保元吉"[7]。王昶认为"三郄为戮于晋，王叔负罪于周"都是矜善自伐造成的，感悟出"伐则掩人，矜则陵人。掩人者人亦掩之，陵人者人亦陵之"的处世哲理。[8]

谦敬处世的能动表现是恭敬待人。孟子曰："敬人者，人恒敬之。"[9]又曰："礼人不答，反其敬。"[10]说明了恭敬待人的积极价值，尊重别人的人也会得到别人的尊重，如果对别人以礼相待却得不到同等的反馈，那么应当反思自己的恭敬是

1　张英，张廷玉著．张舒，丛伟注．陈明审校．父子宰相家训［M］．北京：新星出版社，2015：145.
2　檀作文译注．曾国藩家书（上）［M］．北京：中华书局，2017：321.
3　张英，张廷玉著．张舒，丛伟注．陈明审校．父子宰相家训［M］．北京：新星出版社，2015：153.
4　檀作文译注．曾国藩家书（上）［M］．北京：中华书局，2017：318.
5　檀作文译注．曾国藩家书（下）［M］．北京：中华书局，2017：1485-1486.
6　高明撰．帛书老子校注［M］．北京：中华书局，1996：341.
7　檀作文译注．颜氏家训［M］．北京：中华书局，2011：142.
8　诸葛亮，范仲淹著．余进江选编译注．历代家训名篇译注［M］．上海：上海古籍出版社，2020：46.
9　杨伯峻译注．孟子译注［M］．北京：中华书局，2010：182.
10　杨伯峻译注．孟子译注［M］．北京：中华书局，2010：152.

否足够。曾国藩作《居敬箴》阐释了怠慢处世的消极影响："慢人者反尔。纵彼不反，亦长吾骄。人则下女，天罚昭昭。"[1]如果怠慢他人，那么也将被别人所怠慢，即便别人宽容以待，那么也会助长自己的骄傲之气，最终因骄慢无礼而受到世人厌恶和天理惩罚。曾国藩指出："凡目能见千里而不能自见其睫，声音笑貌之拒人，每苦于不自见，苦于不自知。"[2]在与人相处时，往往声色俱厉却不自知，最终造成人际关系恶化，自己却还不知道缘由。因此，在为人处世上要多反思，如能做到曾子"吾日三省吾身"和孟子"三必反"的要求，则过错日减，悔咎之事日销。在朋友交往关系方面，颜延之指出"游道虽广，交义为长。得在可久，失在轻绝。久由相敬，绝由相狎"[3]，认为与朋友相互敬重，是保持友道悠长的重要原则，一旦朋友间相互轻狎甚至相辱，那么朋友之义也就断绝了。在领导和同事关系方面，对上位者"但宜敬之而已矣，不当极亲密，不宜数往，往当有时"[4]。不仅要保持恭敬处上的态度，还要防止将正常的工作关系变为亲密狎昵或者人身依附关系。对上位者要保持恭敬之心，对下位者亦然，张英指出"待下我一等之人，言语辞气最为要紧。此事甚不费钱，然彼人受之，同于实惠，只在精神照料得来，不可惮烦"[5]。其言虽有计算利害之嫌，但其恭敬处下的思想却是难得，可为世人所借鉴。

谦敬处世的被动表现是谦退不争。"便宜者，天下人之所共争也，我一人据之，则怨萃于我矣；我失便宜，则众怨消矣。故终身失便宜，乃终身得便宜也。"可谓一语道出了古人"终身让路，不失尺寸"的真谛，不贪便宜，遇利谦退不争，貌似未占便宜，实际上为自己减少了许多不必要的忿争，却是得了一种大便宜。所以张英五十余年未尝多受小人之侮，皆因其在争利的问题上转弯早，从未陷入无休止的追名逐利黑洞。[6]老子主张"圣人无积，既以为人，己愈有，既以予人矣，己愈多。故天之道，利而不害；人之道，为而弗争"[7]。保持不为积累而争的心态，一切皆为他人考虑，多予他人方便，最终也将从他人那里得到己愈有、己愈多的积极反馈。由此可见，"富贵原如传舍，惟谦退谨慎之人得以久居"[8]的古训，

1　檀作文译注.曾国藩家书（上）[M].北京：中华书局，2017：253.
2　檀作文译注.曾国藩家书（下）[M].北京：中华书局，2017：1476.
3　诸葛亮，范仲淹著.余进江选编译注.历代家训名篇译注[M].上海：上海古籍出版社，2020：99.
4　诸葛亮，范仲淹著.余进江选编译注.历代家训名篇译注[M].上海：上海古籍出版社，2020：63.
5　张英，张廷玉著.张舒，丛伟注.陈明审校.父子宰相家训[M].北京：新星出版社，2015：46.
6　张英，张廷玉著.张舒，丛伟注.陈明审校.父子宰相家训[M].北京：新星出版社，2015：77.
7　高明撰.帛书老子校注[M].北京：中华书局，1996：156-157.
8　张英，张廷玉著.张舒，丛伟注.陈明审校.父子宰相家训[M].北京：新星出版社，2015：185.

实乃参悟天地至理的守成大道。如何施行谦退不争之道？张英认为吕叔简的"五不争"可以效法，即"不与居积人争富；不与进取人争贵；不与矜节人争名；不与简傲人争礼节；不与盛气人争是非"[1]。如能做到不争富贵，不争名节，不争是非，那么达到"夫唯不争，故莫能与之争"[2]的至高谦敬境界又有何难？

第六节　谨慎

古语有云"小心驶得万年船"，《诗经·小雅·小旻》曰："不敢暴虎，不敢冯河。人知其一，莫知其他。战战兢兢，如临深渊，如履薄冰。"[3]羊祜提出"恭为德首，慎为行基"[4]，都是告诫世人要心怀戒惧、谨慎行事。自古以来，谨慎就是实现奋斗目标的基本方法，也是保障奋斗者不会在阴沟里翻船的重要行事原则。

曾国藩《慎字箴》有言："战战兢兢，死而后已，行有不得，反求诸己。"[5]表明了培养谨慎心理、终身谨慎和时常反思行事是否谨慎的修身原则。孔子向子张传授从政的基本方法，指出"多闻阙疑，慎言其余，则寡尤；多见阙殆，慎行其余，则寡悔。言寡尤，行寡悔，禄在其中矣"[6]，以此告诫子张，要保障自身言行不在事后产生悔恨和怨尤，就必须遵循谨慎原则，否则就难以常保禄位。张廷玉指出"与其于放言高论中求乐境，何如于谨言慎行中求乐境耶？"[7]认为真正有大智慧的人，在困心衡虑、见多识广之后，必然认识到谨慎的重要性，从此谨慎行事，并从中获得真正的人生乐趣。

中华优秀传统家风凝结出慎言慎行、慎始慎微、慎所交游、慎受恩惠、慎嫁娶、慎所好等等六大方面的谨慎行事之法。

一、慎言慎行

《周易·系辞上》有云："言行，君子之枢机。枢机之发，荣辱之主也。言行，君子之所以动天地也，可不慎乎？"[8]通过枢机对于弩弓的重要性，比喻言行对于个人命运的关键作用，指出言行是人们的"荣辱之主"，必须慎重对待。

1　张英，张廷玉著．张舒，丛伟注．陈明审校．父子宰相家训 [M]．北京：新星出版社，2015：184.
2　高明撰．帛书老子校注 [M]．北京：中华书局，1996：342.
3　王秀梅译注．诗经（下）[M]．北京：中华书局，2015：446.
4　诸葛亮，范仲淹著．余进江选编译注．历代家训名篇译注 [M]．上海：上海古籍出版社，2020：57.
5　黎庶昌，王定安等撰．曾国藩年谱（附事略、荣哀录）[M]．长沙：岳麓书社，2017：143.
6　杨伯峻译注．论语译注（简体字本）[M]．北京：中华书局，2017：25.
7　张英，张廷玉著．张舒，丛伟注．陈明审校．父子宰相家训 [M]．北京：新星出版社，2015：106.
8　杨天才，张善文译注．周易 [M]．北京：中华书局，2011：577.

荀子也说"故言有召祸也，行有招辱也，君子慎其所立乎！"[1]以此劝勉君子立身处世一定要谨言慎行。子曰："言有物而行有格也，是以生则不可夺志，死则不可夺名。"[2]如果能够做到说话有事实依据，行为遵守法度要求，那么这样的人，活着时没有人可以夺去他的志向，死了也没有人可以剥夺他的名声。因此，曾国藩告诫儿子"举止要重，发言要讱"，要求"尔终身须牢记此二语，无一刻可忽也"[3]。

言语不谨慎是产生祸乱的根源。孔子认为："乱之所生也，则言语以为阶。"如果言语不谨慎，其后果将是"君不密则失臣，臣不密则失身，几事不密则害成"[4]。《诗经·大雅·抑篇》有言："白圭之玷，尚可磨也；斯言之玷，不可为也。"[5]告诫世人言语不谨慎的危害后果，将是深远而又难以消除的。所以孔子因"南容三复白圭"，便"以其兄之子妻之"。[6]孔子认为言语不谨慎，有三种典型表现："言未及之而言谓之躁，言及之而不言谓之隐，未见颜色而言谓之瞽。"[7]言语急躁、不实、不看对方脸色便发言均属言语不慎，应当予以力戒。《礼记·祭义》中将孝不羞亲的核心内涵归纳为："一出言而不敢忘父母，是故恶言不出于口，忿言不反于身。"[8]告诫为人子女者应当谨慎言语，以免上辱先人，有违孝道。要做到言语谨慎，应从四个方面着手：一是寡言能忍，二是言符其实，三是慎言毁誉，四是择时、择地、择人、顺风俗而言。

一是寡言能忍。铭金人云："无多言，多言多败；无多事，多事多患。"[9]老子说"多言数穷，不如守中"。其原因就在于"多事害神，多言害身，口开舌举，必有祸患"[10]。《礼记》指出君子要"既明且哲，以保其身"，就应做到"国有道，其言足以兴，国无道，其默足以容。"[11]即根据国家政治是否清明，决定自己的言论的多寡，并以之"穷则独善其身，达则兼善天下"[12]。

袁采认为寡言两个方面的好处，即"言语简寡，在我，可以少悔；在人，可

1 方勇，李波译注.荀子［M］.北京：中华书局，2011：4.
2 胡平生，张萌译注.礼记（下）［M］.北京：中华书局，2017：1085.
3 檀作文译注.曾国藩家训［M］.北京：中华书局，2020：138.
4 杨天才，张善文译注.周易［M］.北京：中华书局，2011：581.
5 王秀梅译注.诗经（下）［M］.北京：中华书局，2015：676-677.
6 杨伯峻译注.论语译注（简体字本）［M］.北京：中华书局，2017：159.
7 杨伯峻译注.论语译注（简体字本）［M］.北京：中华书局，2017：250.
8 胡平生，张萌译注.礼记（下）［M］.北京：中华书局，2017：917.
9 檀作文译注.颜氏家训［M］.北京：中华书局，2011：184.
10 王卡点校.老子道德经河上公章句［M］.北京：中华书局，1993：19.
11 胡平生，张萌译注.礼记（下）［M］.北京：中华书局，2017：1032.
12 杨伯峻译注.孟子译注［M］.北京：中华书局，2010：281.

以少怨"[1]。少言慎言可以让自己减少失言的概率，避免事后悔恨，还可以减少言语不当造成的误会和怨愤，和谐人际关系，可谓一举两得。嵇康也认为寡言对减少怨恨责备有积极影响，他指出"宏行寡言，慎备自守，则怨责之路解矣"[2]，告诫子孙要寡言慎言，以减少责怨。寡言不仅能少怨避祸，还能避免泄露机密，张廷玉指出"凡事贵慎密，而国家之事尤不当轻向人言"[3]。这不仅是"臣不密则失身"的具体阐释，也是古代家训中开展保守国家秘密教育的典范，对当代家庭践行国家总体安全观和保密意识具有重要的启示作用。

薛文清总结了多言两个方面的坏处，即"多言最使人心志流荡，而气亦损；少言不惟养得德深，又养得气完"[4]，认为多言使人荡志损气，少言则可养德养气。《周易》云："君子以慎言语，节饮食。"[5]鬼谷子曰："口可以饮，不可以言。"陈继儒对比口入饮食之祸与口出言语之祸的危害后，认为"口之所入，其祸小；口之所出，其罪多"[6]，并进一步提出以言观德的标准，即"神人之言微，圣人之言简，贤人之言明，众人之言多，小人之言妄"[7]。所以当子贡讥讽别人时，孔子批评他说："赐也贤乎哉？夫我则不暇。"[8]可见圣人也以言语寡简为贵，认为应当简省讥讽别人的时间，去做增进学问道德之事。《周易·系辞下》也提出了以言观德之法，即"将叛者其辞惭，中心疑者其辞枝，吉人之辞寡，躁人之辞多，诬善之人其辞游，失其守者其辞屈"[9]。张廷玉据此认为，"多言之人即为不吉，不吉则凶矣。趋吉避凶之道，只在矢口间"。他以黄庭坚的慎言之方告诫子孙，要终身诵持"万言万当，不如一默"[10]。孔子针对司马牛多言而躁的缺点，在回答司马牛关于什么是"仁"的问题时，指出"仁者，其言也讱"[11]，告诫他说话要迟钝，要谨慎，要思考后再说。

所谓"病从口入，祸从口出"，言语不慎肇祸往往始于不能忍一时之忿。《尚书·周书·君陈》云："必有忍，其乃有济；有容，德乃大。"[12]武王《书铭》曰：

1　袁采，朱柏庐著．陈延斌，陈娇瑾译注．袁氏世范 朱子家训［M］．南京：江苏人民出版社，2019：131.
2　诸葛亮，范仲淹著．余进江选编译注．历代家训名篇译注［M］．上海：上海古籍出版社，2020：63.
3　张英，张廷玉著．张舒，丛伟注，陈明审校．父子宰相家训［M］．北京：新星出版社，2015：102.
4，6　张英，张廷玉著．张舒，丛伟注，陈明审校．父子宰相家训［M］．北京：新星出版社，2015：182.
5　杨天才，张善文译注．周易［M］．北京：中华书局，2011：250.
7　成敏译注．小窗幽记［M］．北京：中华书局，2016：17.
9　杨伯峻译注．论语译注（简体字本）［M］．北京：中华书局，2017：220.
10　杨天才，张善文译注．周易［M］．北京：中华书局，2011：641-642.
11　张英，张廷玉著．张舒，丛伟注，陈明审校．父子宰相家训［M］．北京：新星出版社，2015：98.
12　杨伯峻译注．论语译注（简体字本）［M］．北京：中华书局，2017：175.

"忍之须臾，乃全汝躯。"[1]都是告诫世人要忍一时意气，以成事功，以全身躯。

二是言符其实。言符其实有三个方面的要求：第一，要言行一致，言不过其实。《礼记·中庸》有言："言顾行，行顾言，君子胡不慥慥尔！"[2]告诫有德君子必须做到言行一致。对那些大言不惭之人，孔子尖锐地指出："其言之不怍，则为之也难。"[3]说话夸夸其谈，在实际行动中就很难做到，长此以往，必然会"巧言令色，鲜矣仁！"[4]从"为之也难"到"巧言令色"，皆因言语不慎，言过其实，最终只好以花言巧语敷衍奉承，但这样的人不仅必将失信于人，最终也难以成就仁德之风。所以"君子耻其言而过其行"[5]。真正的有德君子，一定要言语谨慎，将言过其实作为羞耻之事。孔子见宰予昼寝，曰："始吾于人也，听其言而信其行；今吾于人也，听其言而观其行。于予与改是。"[6]宰予言行不相符，使孔子认识到即便是自己的弟子，也存在言不符实的问题，所以改变了察人之法。老子曰："夫轻诺必寡信"[7]，为了避免"口惠而实不至，怨菑及其身"的问题，孔子主张"是故君子与其有诺责也，宁有已怨"[8]。也就是在口头承诺之前，要慎重考虑是否能够兑现承诺，如果做不到，那么宁愿承担拒绝承诺的抱怨，也不去承担言而无信的责任。第二，要言之有据，不道听途说。子曰："道听而途说，德之弃也。"[9]认为道听途说非有德君子所为，是一定要革除的不良作风。第三，要实事求是，不造谣生事。《诗经》有云："缉缉翩翩，谋欲谮人。慎尔言也，谓尔不信。"[10]如果言语不实事求是，反而恶意毁谤他人，那么终将被人识破而失去信誉。《周礼·大司徒》云："以乡八刑纠万民：一曰不孝之刑，二曰不睦之刑，三曰不姻之刑，四曰不弟之刑，五曰不任之刑，六曰不恤之刑，七曰造言之刑，八曰乱民之刑。"[11]古人将"造言"列为八刑之中，仅次于不孝不悌，可见造谣惑众从古至今都为世人所痛恨，为法度所不容。当代社会，人们不仅要在现实生活中不造谣、不传谣、不信谣，而且要深刻认识到"互联网不是法外之地"，严格约束自己的言行，切忌通过网络造谣生事或者传播谣言，否则必将受到法律的严惩。张

---

1 张英，张廷玉著．张舒，丛伟注．陈明审校．父子宰相家训［M］．北京：新星出版社，2015：149.
2 胡平生，张萌译注．礼记（下）［M］．北京：中华书局，2017：1014.
3 杨伯峻译注．论语译注（简体字本）［M］．北京：中华书局，2017：216.
4 杨伯峻译注．论语译注（简体字本）［M］．北京：中华书局，2017：4.
5 屈万里著．尚书集释［M］．上海：中西书局，2014：219.
6 杨伯峻译注．论语译注（简体字本）［M］．北京：中华书局，2017：64.
7 高明撰．帛书老子校注［M］．北京：中华书局，1996：134.
8 胡平生，张萌译注．礼记（下）［M］．北京：中华书局，2017：1066.
9 杨伯峻译注．论语译注（简体字本）［M］．北京：中华书局，2017：264.
10 王秀梅译注．诗经（下）［M］．北京：中华书局，2015：468.
11 徐正英，常佩雨译注．周礼（上）［M］．北京：中华书局，2014：230.

廷玉根据自己五十余年的人生阅历，总结出一条宝贵人生经验，即"彼语言不实之辈，一时可以欺世，而究竟飘荡终身"。他特别告诫子孙不能造谣生事，更不能恶意诬陷中伤他人，否则"若怀私挟怨，捏造蜚语，害人名节身家者，厥后必有恶报。"[1]

三是慎言毁誉。王昶认为"夫毁誉，爱恶之原而祸福之机也"[2]，因此不可不慎重。子曰："吾之于人也，谁毁谁誉？如有所誉者，其有所试矣。"[3]可见，孔子对毁誉他人十分慎重，他不轻易誉人以"仁"，但也绝不毫无依据地讥讽批评他人。孔子认为，夏、商、周三代之所以能够直道而行，就是因为当时之人做到了毁誉有据，慎于毁誉。子贡讥讽别人，却被孔子反问道：你就很贤德了吗？如果你的德行都还没有达到，有什么资格去讥讽别人？又为何不花时间去进贤修德，而是浪费时间去批评别人呢？袁采批评那些没有远见的俗人，"凡见他人兴进及有如意事则怀妒，见他人衰退及有不如意事则讥笑"[4]。认为这样的人不明"事无定势"的道理，也许今天发生在别人身上的坏事，明天就可能落到自己的头上，真正有见识的君子，绝不会去讥笑别人的不如意事，而是"一叶落知天下秋"，"见贤思齐焉，见不贤而内自省也"[5]。以前车之覆为鉴，时时警惕言行，避免重蹈他人之覆辙。同时，毁誉他人者往往并非事情的亲历者，以局外人的眼光论局内之事，以事后的眼光评价当时之行，就难免出现偏颇之辞。所处的位置、时间不同，看待事情、人物的眼光和感悟也就不同，所谓"如人饮水，冷暖自知"，如果没有确切的实据和亲身体悟，旁人的评价有时很难做到中肯准确。所以程颐指出"只观发言之平易躁妄，便见德之厚薄，所养之深浅"。面对他人议论前人的短处，就告诫他们"汝辈且取他长处"。薛文清也认为，"在古人之后，议古人之失则易；处古人之位，为古人之事则难"[6]。因此，慎言毁誉是有道君子的基本修养，也是避免言语失误的重要方法，必须予以高度重视。

孔子提倡"乐道人之善"[7]，而厌恶两类言语不谨慎之人：其一，"恶利覆

1 张英，张廷玉著．张舒，丛伟注．陈明审校．父子宰相家训［M］．北京：新星出版社，2015：153.
2 诸葛亮，范仲淹著．余进江选编译注．历代家训名篇译注［M］．上海：上海古籍出版社，2020：46.
3 杨伯峻译注．论语译注（简体字本）［M］．北京：中华书局，2017：237.
4 袁采，朱柏庐著．陈延斌，陈姝瑾译注．袁氏世范 朱子家训［M］．南京：江苏人民出版社，2019：106.
5 杨伯峻译注．论语译注（简体字本）［M］．北京：中华书局，2017：55.
6 张英，张廷玉著．张舒，丛伟注．陈明审校．父子宰相家训［M］．北京：新星出版社，2015：182.
7 杨伯峻译注．论语译注（简体字本）［M］．北京：中华书局，2017：250.

邦家者。"[1] 其二，"恶称人之恶者。"[2] 总体来说，孔子希望世人多宣扬善，少传播恶，从而引导社会风气向善向上。但是现实生活中，往往是"俗人传吉迟，传凶疾，又好议人之过阙"[3]。对此，伏波将军马援告诫侄子："吾欲汝曹闻人过失，如闻父母之名，耳可得闻，口不可得言也。好论议人长短，妄是非正法，此吾所大恶也。宁死，不愿闻子孙有此行也。"[4] 魏徵认为"君子扬人之善，小人讦人之恶。"[5] 因此，君子乐于赞扬他人的长处，而小人则喜欢攻讦他人的缺点。

当代之人应当培育良好的君子之风，秉承宽容、自惕的心态，多发掘别人的长处并加以学习，多宽容对方的缺点并以之自警。若以己之长攻人之短，到处宣扬传播他人之恶，对他人、自身和社会都会造成不利影响：一是损他人之名声，二是为自己招怨引祸，三是增加社会负能量。当代社会，传播主旋律和正能量，弘扬社会主义核心价值观，对营造和谐向善的社会环境十分有利，而一味宣扬甚至恶意捏造负能量事件，发表过激言论，就可能破坏安定团结局面，影响社会和谐稳定。作为社会的一分子，每一个人都应谨言慎行，播撒人间大爱，消弭社会矛盾，为营造充满正能量的和谐社会贡献力量。

慎言毁誉还应避免背后议论他人，或传递闲言碎语制造矛盾。俗语有言"日不可说人，夜不可说鬼"，袁采告诫子孙："不可谓僻静无人，而辄讥议人，必虑或有闻之者。"[6] 若被议论之人听闻，那么彼此都会感到愧惭，陷入进退两难的窘境；若被好事之人偷听，并以此兴生事端，就可能导致"两递其言，又从而增易之，两家之怨至于牢不可解。"[7] 因此，必须杜绝背后议论他人的不良习惯，避免因言语不慎形成误会甚至仇怨。杨椿兄弟三人，分别侍奉北魏孝文帝元宏及其祖母冯太后，当时冯太后要求内官每十日必须密奏一事，诸位官员多有上奏，甚至有人在孝文帝和冯太后之间传播闲言碎语，制造两人感情隔阂，但杨椿三兄弟十余年间未曾上奏过一个人的罪过，更从不在孝文帝和冯太后之间传播对方言辞，当时被朝廷狠狠斥责。但是多年以后，他们因不轻言人过受到朝廷奖赏，而且孝文帝还嘉奖他们："和朕母子者惟杨椿兄弟"，并在王侯贵戚的宴会上举杯

1 杨伯峻译注.论语译注（简体字本）[M].北京：中华书局，2017：266.
2 杨伯峻译注.论语译注（简体字本）[M].北京：中华书局，2017：270.
3 诸葛亮，范仲淹著.余进江选编译注.历代家训名篇译注[M].上海：上海古籍出版社，2020：66.
4 诸葛亮，范仲淹著.余进江选编译注.历代家训名篇译注[M].上海：上海古籍出版社，2020：14.
5 骈宇骞译注.贞观政要[M].北京：中华书局，2011：362.
6，7 袁采，朱柏庐著.陈延斌，陈姝瑾译注.袁氏世范 朱子家训[M].南京：江苏人民出版社，2019：58.

赐酒，可谓恩宠信任有加。因此，杨椿告诫子孙"宜深慎言语，不可轻论人恶也。"[1]

四是择时、择地、择人、顺风俗而言。首先，慎言要求注意说话时机。嵇康告诫子孙："若于意不善了，而本意欲言，则当惧有不了之失，且权忍之。"[2]在没有完全理解对方意思之前，不可妄发言论，否则因不了解对方本意，极有可能产生言语失当的问题。子曰："邦有道，危言危行；邦无道，危行言孙。"[3]虽然孔子很欣赏史鱼"邦有道，如矢，邦无道，如矢"[4]"生以身谏，死以尸谏"[5]的刚直之风，但是他也将"邦有道，则仕；邦无道，则可卷而怀之"[6]的蘧伯玉盛赞为君子，并在听闻卫国大夫公叔文子"时然后言，人不厌其言"后惊叹："其然？岂其然乎？"[6]从这些言语和事例中可以发现，孔子虽然"明知不可为而为之"[7]，坚持不懈地推行儒家大道，但他更提倡君子不立危墙之下，言语谨慎、择机而言的做法。此外，要警惕时机环境对言语状态的重要影响。所谓"喜时之言多失信，怒时之言多失体"。高兴时往往容易许诺他人，事后却难以兑现，从而失信于人，发怒时往往以言辞发泄己忿，给人以轻浮暴戾的不良印象，事后却追悔莫及。因此，张廷玉认为："凡人于极得意、极失意时，能检点言语，无过当之辞，其人之学问器量，必有大过人处。"[8]袁采以"怒于室者色于市"的古语，告诫子孙"盛怒之际与人言语尤当自警"，因为"方其有怒，与他人言，必不卑逊。他人不知所自，安得不怪！"[9]而且人在盛怒之下，特别容易对人"指其隐讳之事，而暴其父祖之恶"，违反"打人莫打膝，道人莫道实"的处世之道，造成"伤人之言，深于矛戟"的严重后果，而被言语所伤者，必然与出言之人结下深入骨髓之怨恨。[10]

其次，慎言要求注意说话的场合。《颜氏家训》中记载了一则事例："尝有甲设宴席，请乙为宾；而旦于公庭见乙之子，问之曰：'尊侯早晚顾宅？'乙子称其父已往。"乙子在朝堂之上、大庭广众之下，面对甲的询问没有注意回答的时机和场合，在明知主人甲未在家的情况下，贸然回答其父早已去赴甲

1　诸葛亮，范仲淹著．余进江选编译注．历代家训名篇译注［M］．上海：上海古籍出版社，2020：125-126.
2　诸葛亮，范仲淹著．余进江选编译注．历代家训名篇译注［M］．上海：上海古籍出版社，2020：66.
3　杨伯峻译注．论语译注（简体字本）［M］．北京：中华书局，2017：206.
4、6　杨伯峻译注．论语译注（简体字本）［M］．北京：中华书局，2017：230.
5　韩婴撰，许维遹校释．韩诗外传集释［M］．北京：中华书局，2020：254.
7　杨伯峻译注．论语译注（简体字本）［M］．北京：中华书局，2017：212.
8　杨伯峻译注．论语译注（简体字本）［M］．北京：中华书局，2017：224.
9　张英，张廷玉著．张舒，丛伟注．陈明审校．父子宰相家训［M］．北京：新星出版社，2015：141.
10　袁采，朱柏庐著．陈延斌，陈妹瑾译注．袁氏世范 朱子家训［M］．南京：江苏人民出版社，2019：142.
11　袁采，朱柏庐著．陈延斌，陈妹瑾译注．袁氏世范 朱子家训［M］．南京：江苏人民出版社，2019：140.

之宴席，导致其父沦为众人笑柄，可谓言语不慎，辱及先人。颜之推以此告诫子孙，要"触类慎之，不可陷于轻脱"[1]。范仲淹告诫诸子及弟侄："京师交游，慎于高论，不同常言之地。"[2]要求他们在京师避免高谈阔论，也不要私下谈论是非曲直，因为一辈子的评价，应当从大节之中体现出来，一时的言论可能会获得小名声，但若因此而耽误学业或者招怨引祸，那么就会影响一生的大节，导致终身悔恨。嵇康则告诫子孙，要提前预判场合形势变化，避免被形势裹挟而发招怨之言，"若会酒坐，见人争语，其形势似欲转盛，便当亟舍去之，此将斗之兆也"[3]。如果不见机行事快速撤离，就必然被形势裹挟而参与是非曲直的评判，两方相争，终究只能支持一方，如此一来，必然招致另一方的怨恨，产生以言招怨的后果。

第三，慎言要求注意说话的对象。子曰："可与言而不与之言，失人；不可与言而与之言，失言。知者不失人，亦不失言。"[4]就是告诫世人要择人而言。那么怎样的人可与言，怎样的人不可与言呢？孟子曰："不仁者可与言哉？""不仁者而可与言，则何亡国败家之有？"[5]陈继儒提出"喜传语者，不可与语；好议事者，不可图事。"[6]可见，对于没有道德的人，爱传播小道消息的人，都不宜与之言语，否则一旦被这些人断章取义、乱说是非，那么就可能招致无妄之灾、无本之怨。同时，还要注意根据亲疏关系决定言与不言，言深抑或言浅。子夏曰："信而后谏。未信，则以为谤己也。"[7]《礼记·表记》云："事君远而谏则谄也，近而不谏则尸利也。"[8]作为谏官，处于负责纠正君主过失的岗位，那么必须在该说话时就说话，以尽其匡正辅佐之责，但若不是在言官的位置上，又非君主亲近之人，那么言语就应谨慎。关系疏远而进谏，不仅有谄媚君主之嫌，也可能被视为沽名钓誉之辈，甚至招致牢狱之灾、杀身之祸。其实不惟君臣之间，推之于一切为人处世，均应考虑关系亲疏、信任与否而决定言辞深浅。《战国策·赵策四》有云"交浅而言深，是乱也"[9]。交往浅则关系疏、信任薄，若是诤言，深

---

1 檀作文译注.颜氏家训［M］.北京：中华书局，2011：77.
2 诸葛亮，范仲淹著.余进江选编译注.历代家训名篇译注［M］.上海：上海古籍出版社，2020：189.
3 诸葛亮，范仲淹著.余进江选编译注.历代家训名篇译注［M］.上海：上海古籍出版社，2020：67.
4 杨伯峻译注.论语译注（简体字本）［M］.北京：中华书局，2017：231.
5 杨伯峻译注.孟子译注［M］.北京：中华书局，2010：155.
6 成敏译注.小窗幽记［M］.北京：中华书局，2016：9.
7 杨伯峻译注.论语译注（简体字本）［M］.北京：中华书局，2017：284.
8 胡平生，张萌译注.礼记（下）［M］.北京：中华书局，2017：1061.
9 缪文远，缪伟，罗永莲译注.战国策（下）［M］.北京：中华书局，2012：647.

说对方未必相信，还可能被理解为苛责；若是赞誉，对方未必在意，还可能被视为阿谀奉承；若是关涉机密之言，对方可能以之要挟或者传播泄露。所以，言之深浅必须视人而定，交浅之人尤须慎言。

第四，慎言要求注意风俗差异。所谓"十里不同风，百里不同俗"，地域和时代不同，风俗自然各异，若不顾风俗习惯差异而妄发言论，就会引发社交矛盾甚至痛悔终生之事。"江南文制，欲人弹射，知有病累，随即改之"，根据风俗习惯，江南士人以相互评议文章，指出他人不足为风，被评论之人也乐于改正，但"山东风俗，不通击难"[1]。士人之间以文章被他人批评为耻。颜之推刚到邺城时，未能体察风俗差异，轻易评论他人文章，结果结怨于人，一直深悔于心。因此，他告诫子孙一定要注意江南与邺城的风俗差异，千万不要轻易评议他人文章。

《诗经》有云："慎尔出话，谨尔威仪。"[2]告诫世人不仅要慎言，还要慎行。古人曰："一失足成千古恨"，《孝经》云："修身慎行，恐辱先也。"[3]子曰："君子道人以言，而禁人以行，故言必虑其所终，而行必稽其所敝，则民谨于言而慎于行。"[4]《诗经》云："敬慎威仪，维民之则。"[5]可见，行为不慎不仅辱己害身，还会辱及先人，如果上位者不能谨慎行事，更会对国家和社会造成不良影响。慎行之方有二：一是义之与比，二是慎独。

慎行要求做到义之与比。子曰："君子之于天下也，无适也，无莫也，义之与比。"[6]即是说对于天下的事情，君子并无固定的行为章法，但有一个原则，那就是怎么做符合道义、近于情理，就怎么去做。首先，行为要符合公义，出于公心。子曰："放于利而行，多怨。"[7]如果做事情只考虑个人利益，那么就容易招致怨恨，甚至形成公愤，成为众矢之的。其次，行为要符合道德、法度。子曰："君子怀德，小人怀土；君子怀刑，小人怀惠。"[8]慎行君子关心自己的行为是否符合道德标准，是否符合国家法度，违法悖德之行必然招致恶名甚至刑辟，给个人和家庭带来灾殃。子曰："君子固穷，小人穷斯滥矣。"[9]无论在任何情况下，君子都固守着基本的道德法度底线，而小人一旦穷困，就无所不为，两者操守可

1 檀作文译注.颜氏家训［M］.北京：中华书局，2011：159.
2 王秀梅译注.诗经（下）［M］.北京：中华书局，2015：676.
3 胡平生译注.孝经译注［M］.北京：中华书局，1996：34.
4 胡平生，张萌译注.礼记（下）［M］.北京：中华书局，2017：1076.
5 王秀梅译注.诗经（下）［M］.北京：中华书局，2015：674.
6 杨伯峻译注.论语译注（简体字本）［M］.北京：中华书局，2017：52.
7 杨伯峻译注.论语译注（简体字本）［M］.北京：中华书局，2017：53.
8 杨伯峻译注.论语译注（简体字本）［M］.北京：中华书局，2017：52.
9 杨伯峻译注.论语译注（简体字本）［M］.北京：中华书局，2017：228.

谓有天壤之别。纵观古今，苏武牧羊不失节，文天祥留取丹心照汗青，史可法固守扬州不变节，以及千千万万为了民族独立和人民解放而坚持奋斗的英雄们，成就了正气浩荡的君子之行，最终名留青史，万世景仰；而那些一遇危机困境就见利忘义、见风使舵、变节求荣之辈，终究成为历史罪人，遭到世人唾弃。第三，行为要符合人情常理。所谓"己所不欲，勿施于人。"[1] 自己不愿意接受的事情，也不要强加给别人。孟子曰："强恕而行，求仁莫近焉。"[2] 就是要求世人以推己及人的同理心引导自身行为，进而踏上达到仁德境界的捷径。王修告诫儿子："言思乃出，行详乃动，皆用情实道理，违斯败矣。"[3] 违反人情常理的行为，他人难以接受，自己也会遭到舆论非议，可谓人我两失，应当坚决杜绝。

慎行要做到慎独。《礼记》有云："是故君子戒慎乎其所不睹，恐惧乎其所不闻。莫见乎隐，莫显乎微。故君子慎其独也。"[4] "所谓诚其意者，毋自欺也。如恶恶臭，如好好色，此之谓自谦，故君子必慎其独也！"[5] 没有比隐秘之地和细微之处更容易暴露一个人的德行，因此君子必须心地敞亮，无论是在公众场合还是独自一人，无论是否有人看见听见，都要保持意念真诚，行为谨慎，既不欺人也不自欺，只有这样，才能保持恰然自得的心理满足状态，避免世人表里不一的恶评。《淮南子·缪称》有言："夫察所夜行，周公惭乎景，故君子慎其独也。"[6] 曾子曰："十目所视，十手所指，其严乎！"[7] 均是告诫世人虽然独处，但也应当如有人监督时保持畏惧心理，慎重行事。杨震为东莱太守时，故所举荆州茂才王密为昌邑令，夜怀金十斤以遗震。震曰："故人知君，君不知故人，何也？"密曰："暮夜无知者。"震曰："天知，地知，我知，子知，何谓无知者！"密愧而出。[8] 从此，杨震"四知"故事作为慎独的经典案例传诵千载，也成为杨氏家族长盛不衰的"清白家风"。针对"今人有为不善之事，幸其人之不见不闻，安然自肆，无所畏忌"的现象，袁采告诫道："吾心即神，神即祸福，心不可欺，神亦不可欺。"[9] 虽然暗处的行为可以掩人耳目，但心知即神知，因此万不可欺心而行。蘧伯玉夜过

1　杨伯峻译注.论语译注（简体字本）［M］.北京：中华书局，2017：237.
2　杨伯峻译注.孟子译注［M］.北京：中华书局，2010：279.
3　诸葛亮，范仲淹著.余进江选编译注.历代家训名篇译注［M］.上海：上海古籍出版社，2020：27.
4　胡平生，张萌译注.礼记（下）［M］.北京：中华书局，2017：1007.
5　胡平生，张萌译注.礼记（下）［M］.北京：中华书局，2017：1163.
6　刘安著，陈广忠译注.淮南子译注（上册）［M］.上海：上海古籍出版社，2017：389.
7　胡平生，张萌译注.礼记（下）［M］.北京：中华书局，2017：1164.
8　司马光编著.胡三省注.资治通鉴（二）［M］.北京：中华书局，2013：1321.
9　袁采，朱柏庐著.陈延斌，陈姝瑾译注.袁氏世范 朱子家训［M］.南京：江苏人民出版社，2019：120.

公阙时下车步行，因其"不为昭昭信节，不为冥冥堕行"，"不以闇昧废礼"[1]，而被卫灵公夫人称赞为忠臣孝子。张廷璩在祭拜陵寝的途中遇到大风雪，同行之人都欲沽酒御寒，但是张廷璩以未曾行礼为由，坚持不许，张廷玉对此高度赞赏，并告诫子孙要以张廷璩"不欺暗室"的行为作为效法榜样。[2]《诗经·抑》曰："相在尔室，尚不愧于屋漏。"[3]《礼记》云："君子所不可及者，其唯人之所不见乎！"[4]君子即便独处暗室，也可无愧于屋漏之神，在无人听闻之处仍然守身行道，这就是君子德行常人难以企及的原因。"不为冥冥堕行""不以闇昧废礼""不欺暗室""不愧于屋漏"所体现的慎独思想，既是当世之人应当追求的道德境界，也是谨慎行事的重要原则，对奋斗者的奋斗历程将大有裨益。

二、慎始慎微

中华文明在先秦时期就提出了慎始思想。《诗经》有言："靡不有初，鲜克有终。"[5]成为慎始思想的经典注脚。唐代名臣张玄素曰："慎终如始，犹恐渐衰，始尚不慎，终将安保！"[6]进一步阐明了慎始的重要意义。中华优秀传统家风也蕴含着慎始思想的基因，在子女教育、从政等方面均高度重视慎始问题。一是在子女教育方面重视慎始。颜之推根据"少成若天性，习惯如自然"的人生成长规律，认为"教妇初来，教儿婴孩"的俗谚含有教育要慎始的至理。他不仅提倡圣王的胎教之法，而且主张对寻常人家的孩子，也要"当及婴稚，识人颜色，知人喜怒，便加教诲，使为则为，使止则止"。只有从小教育，在子女年龄稍长之后，才会产生"父母威严而有慈，则子女畏慎而生孝矣"的良好教育效果。否则，如果待其"骄慢已习，方复制之"，其后果必然是"捶挞至死而无威，忿怒日隆而增怨，逮于成长，终为败德"[7]。出于自然规律和心理因素，"人之有子，多于婴孺之时爱忘其丑"。如果子女因此"日渐月渍，养成其恶"，本应怪罪于父母的"曲爱"，但子女稍长之后，父母对子女"爱心渐疏"，以至于"微有疵失，遂成憎怒，摭其小疵以为大恶"。父母不但不反思在子女教育上不慎始的过失，反而将所有过错归责于子女，导致子女无所适从，甚至造成严重的家庭矛盾。因

1　刘向撰，绿净译注.古列女传译注［M］.上海：上海三联书店，2018：123.
2　张英，张廷玉著.张舒，丛伟注.陈明审校.父子宰相家训［M］.北京：新星出版社，2015：180.
3　王秀梅译注.诗经（下）［M］.北京：中华书局，2015：678.
4　胡平生，张萌译注.礼记（下）［M］.北京：中华书局，2017：1038.
5　王秀梅译注.诗经（下）［M］.北京：中华书局，2015：667.
6　骈宇骞译注.贞观政要［M］.北京：中华书局，2011：299.
7　檀作文译注.颜氏家训［M］.北京：中华书局，2011：7-8.

此，袁采告诫世人："子幼必待以严，子壮无薄其爱。"[1] 对于多子多孙的家庭，袁采特别提醒家中长辈："人有数子，饮食衣服之爱，不可不均一；长幼尊卑之分，不可不严谨；贤否是非之迹，不可不分别。幼而示之以均一，则长无争财之患；幼而教之以严谨，则长无悖慢之患；幼而有所分别，则长无为恶之患。"[2] 如果不从幼时就公平对待、训责教育，子女长大后就难免出现争财产、悖德、为恶等失范行为。二是在从政方面重视慎始。《澄怀园语》中有一事例：左光斗乡试后拜访本房考官陈大绥，陈大绥对左光斗进行了一番勉励，却坚决不收精心准备的红束，并告诫左光斗："今日行事节俭，即异日做官清。不就此站定脚跟，后难措手。"张廷玉以此告诫子孙后辈，在为政方面要向前人学习谨小慎微之风，切不可养成纨绔子弟的浮躁习气。[3]

自古以来，中华历代贤达均高度重视慎微问题。老子曰："图难乎其易也，为大乎其细也。天下之难作于易，天下之大作于细，是以圣人终不为大，故能成其大。"[4] 韩非子云："有形之类，大必起于小；行久之物，族必起于少。"[5]《淮南子·缪称》有言："积薄为厚，积卑为高，故君子日孳孳以成辉，小人日快快以至辱。其消息也，离珠弗能见也。文王闻善如不及，宿不善如不祥。非为日不足也，其忧寻推之也。"[6] 皆是出于对微小之事、微末之物的高度重视，对其日积月累的损益推演心存敬畏。因此，《礼记》云："君子之道，譬如行远必自迩，譬如登高必自卑。"[7] 告诫世人要行君子之道，就应从小微处做起。对于不慎微的严重后果，古人也有深刻认识，《尚书·周书·旅獒》有云："不矜细行，终累大德。为山九仞，功亏一篑。"[8]《韩非子·喻老》有言："千丈之堤以蝼蚁之穴溃，百尺之室以突隙之烟焚。"[9] 可见，于细微处定成败，于细微处见事功，慎微是成大功之基，避横祸之宝。

《周易》有云："善不积不足以成名，恶不积不足以灭身。小人以小善为无益而弗为也，以小恶为无伤而弗去也。故恶积而不可掩，罪大而不可解。"[10] 刘备也告诫刘禅："勿以善小而不为，勿以恶小而为之。"基于此理，慎微可以从

1　袁采，朱柏庐著．陈延斌，陈姝瑾译注．袁氏世范 朱子家训 [M]．南京：江苏人民出版社，2019：29.
2　袁采，朱柏庐著．陈延斌，陈姝瑾译注．袁氏世范 朱子家训 [M]．南京：江苏人民出版社，2019：34.
3　张英，张廷玉著．张舒，丛伟注．陈明审校．父子宰相家训 [M]．北京：新星出版社，2015：148.
4　高明撰．帛书老子校注 [M]．北京：中华书局，1996：133.
5，9　韩非著．陈奇猷校注．韩非子新校注（上册）[M]．上海：上海古籍出版社，2000：440-441.
6　刘安著．陈广忠译注．淮南子译注（上册）[M]．上海：上海古籍出版社，2017：393.
7　胡平生．张萌译注．礼记（下）[M]．北京：中华书局，2017：1016.
8　屈万里著．尚书集释 [M]．上海：中西书局，2014：322.
10　杨天才，张善文译注．周易 [M]．北京：中华书局，2011：621.

禁恶于微和积善于微两个方面施行。

一是禁恶于微。陈继儒认为："积丘山之善，尚未为君子；贪丝毫之利，便陷于小人。"[1]《淮南子·缪称》有言："是故积羽沉舟，群轻折轴，故君子禁于微。"[2]《后汉书·陈忠传》说："轻者重之端，小者大之源，故堤溃蚁孔，气泄针芒。是以明者慎微，智者识几。"[3] 积小恶足以成大恶，姑息养奸犹如积薪自焚，必须从细微处律己，勿使言行有过，方可避免积祸致灾的后果。

张廷玉告诫子孙："一语而干天地之和，一事而折生平之福。当时时留心体察，不可于细微处忽之。"[4] 高攀龙指出："一念之差，一言之差，一事之差，有因而丧身亡家者，岂不可畏也？"[5] 由此可见，人的一言一行均可能产生巨大的"蝴蝶效应"，若不在细微处谨慎行事，就容易招致一生功业毁于一旦，甚至身死道消的严重后果。以对待疾病为例，《黄帝内经》确立了慎微的疾病治疗原则，指出"是故圣人不治已病，治未病；不治已乱，治未乱，此之谓也。夫病已成而后药之，乱已成而后治之，譬犹渴而穿井，斗而铸锥，不亦晚乎？"[6] 从医者的角度看，若不见微知著，在疾病未发甚至初发之时就发现问题，则可能丧失最佳治疗时机。从病人的角度来看，若不从细微处注意身体保养和疾病诊疗，则可能贻误病情，小病发展成大疾，产生蔡桓公一样病入骨髓、药石无效的后果。所以孔子有三慎，其中之一即为慎疾。张廷玉自幼体弱多疾，但最终寿元高达八十余岁，他将高寿的原因总结为两条：一是天地天地祖宗庇佑；二是"谨疾益力，慎起居，节饮食，时时儆惕"，并且"戒谨恐惧、时时慎疾"。[7] 不惟治病须慎微，推之天下事亦然，韩非子提出："故良医之治病也，攻之于腠理，此皆争之于小者也。夫事之祸福亦有腠理之地，故曰圣人蚤从事焉。"[8] 范景仁有言："君子言听计从，消患于未萌，使天下阴受其赐，无智名，无勇功。"[9] 只有见微知著，禁恶行隐患于细微之处、细微之时，方能立身行己，乃至兼济天下。

二是积善于微。"从善如登，从恶如崩"，揭示为善之难，正因其难，更须

1　成敏译注.小窗幽记［M］.北京：中华书局，2016：14.
2　刘安著，陈广忠译注.淮南子译注（上册）［M］.上海：上海古籍出版社，2017：418.
3　范晔撰，李贤等注.后汉书（六）［M］.北京：中华书局，1970：1558.
4　张英、张廷玉著.张舒，丛伟注.陈明审校.父子宰相家训［M］.北京：新星出版社，2015：95.
5　诸葛亮、范仲淹著.余进江选编译注.历代家训名篇译注［M］.上海：上海古籍出版社，2020：271.（高攀龙·家训二十一条）
6　姚春鹏译注.黄帝内经（上·素问）［M］.北京：中华书局，2010：32.
7　张英、张廷玉著.张舒，丛伟注.陈明审校.父子宰相家训［M］.北京：新星出版社，2015：104-105.
8　韩非著，陈奇猷校注.韩非子新校注（上册）［M］.上海：上海古籍出版社，2000：441.
9　张英、张廷玉著.张舒，丛伟注.陈明审校.父子宰相家训［M］.北京：新星出版社，2015：128.

从细微处做起，日积月累以达久久为功之效。袁了凡《了凡四训》中的"功过格"积善之法可为世人借鉴：将每日所行之事，逐日记载，为善有功则加分，有过错则减分。这样自然督促自己每日反省，从细微处逐渐累计善行，而过错之行则逐日改正减少，最终达到"积善之家，必有余庆"的目标。

三、慎所交游

子曰："与善人居，如入芝兰之室，久而不闻其香，即与之化矣。与不善人居，如入鲍鱼之肆，久而不闻其臭，亦与之化矣。丹之所藏者赤，漆之所藏者黑，是以君子必慎其所与处者焉。"[1]深刻揭示了所处环境对个人心性行为的重要影响。而所处之环境，对人影响最大的就是人际环境。因此，历代贤达均高度重视交友择友问题，提倡慎所交游，以期构建良好的人际环境。孔子曰："士无争友，无其过者，未之有也。"[2]荀子指出："故君子居必择乡，游必就士，所以防邪僻而近中正也。"[3]王修提醒儿子："左右不可不慎，善否之要在此际也。"[4]颜之推根据墨子悲于染丝、孔子无友不如己的教诲，主张"君子必慎交游焉"[5]。张英则告诫子孙"人生以择友为第一事""保家莫如择友"[6]"择交者不败"[7]。

那么择友交友的原则和方法是什么呢？

一是交益友、避损友。孔子以罗雀过程中"大雀善惊而难得，黄口贪食而易得"的现象，总结出一条人生经验，即"而独以所从为祸福，故君子慎其所从。以长者之虑，则有全身之阶；随小者之戆，而有危亡之败也"[8]，并以此告诫世人，跟从长者益友则全身，跟随小戆损友则危亡。孔子判断益友、损友的标准是："益者三友，损者三友。友直，友谅，友多闻，益矣。友便辟，友善柔，友便佞，损矣。"[9]明确了标准，还应在人际交游中践行多交益友、避开损友的原则。

首先，多交益友。子曰："良药苦于口而利于病，忠言逆于耳而利于行。汤武以谔谔而昌，桀纣以唯唯而亡。"[10]人非圣贤，孰能无过，过而能改，善莫大焉，但是自身的过错往往难以自见、自明，若有一二诤友、直友从旁提醒掣肘，必将

1　王国轩，王秀梅译注.孔子家语［M］.北京：中华书局，2011：198.
2　王国轩，王秀梅译注.孔子家语［M］.北京：中华书局，2011：183.
3　方勇，李波译注.荀子［M］.北京：中华书局，2011：3.
4　诸葛亮，范仲淹著.余进江选编译注.历代家训名篇译注［M］.上海：上海古籍出版社，2020：27.
5　檀作文译注.颜氏家训［M］.北京：中华书局，2011：85.
6　张英，张廷玉著，张舒，丛伟注.陈明审校.父子宰相家训［M］.北京：新星出版社，2015：59.
7　张英，张廷玉著，张舒，丛伟注.陈明审校.父子宰相家训［M］.北京：新星出版社，2015：41.
8　王国轩，王秀梅译注.孔子家语［M］.北京：中华书局，2011：188.
9　杨伯峻译注.论语译注（简体字本）［M］.北京：中华书局，2017：249.
10　王国轩，王秀梅译注.孔子家语［M］.北京：中华书局，2011：183.

对自己少犯错误、改正过失大有裨益。袁采认为"快意之事常有损，拂意之事常有益"。他告诫子孙，平时要多"延接淳厚刚正之人"，这样的人虽然言语经常拂逆人意，但如果长期与之相处，则必然大有收获。[1]金缨告诫世人："能媚我者，必能害我，宜加意防之；肯规予者，必肯助予，宜倾心听之。"[2]朱柏庐提醒子孙："屈志老成，急则可相倚。"[3]均主张子孙后辈多与直友、净友、稳重之友等益友交游；曾国藩对"友多闻"的重要性有切身体会，他的天分并不低，但少时因"与庸鄙者处，全无所闻，窃被茅塞久矣"。到了京师以后，由于交往了见识广博的良友，才知道"有所谓经学者、经济者、有所谓躬行实践者"，他也才立下了"范、韩可学而至也，马迁、韩愈亦可学而至也，程、朱亦可学而至也"的远大志向。他认为与博学之友的交往，让自己实现了思想上的升华和突破，对人生产生了非常重要的影响。[4]从曾国藩的一生来看，唐鉴、倭仁、欧阳沧溟、汪觉庵等良师，郭嵩焘、刘蓉、吴竹如、邵蕙西、吴子序、何子贞、陈岱云等益友对他成就辉煌人生，也确实起到了非常重要的引导和辅助作用。

其次，避开损友。张英为子孙立下"读书者不贱，守田者不饥，积德者不倾，择交者不败"的家训，并以择交者不败为四者之纲领。张英根据亲身经历，郑重告诫子孙："此辈毒人，如鸩之入口，蛇之蛰肤，断断不易，决无解救之说"[5]，如果长期与损友交往，"阑入其侧，朝夕浸灌，鲜有不为其所移者"。那么立品、读书、养身、俭用的立身行己之道就会荡然无存，后果不堪设想。如果亲戚中有不宜交往之人，"则踪迹常令疏远，不必亲密"。如果朋友中有不宜交往之人，"则直以不识其颜面，不知其姓名为善。比之毒草哑泉，更当远避"。同时，张英嘱咐子孙不可被他人的花言巧语、谄媚行为所惑，正所谓"于今道上揶揄鬼，原是尊前妖媚人"。一旦交友不慎，就可能家破身败。[6]朱柏庐也认为"狎昵恶少，久必受其累"[7]，告诫子孙务必远离行为不端之人，切不可与其为友。

二是交友不必求多。陈继儒主张"用人宜多，择友宜少"。张英认为真正的朋友应当做到"有善相勉，有过相规，有患难相救"[8]，因此对"门无杂宾"的交游之法甚为推崇，并且告诫子孙如果"门下奔走之客，有损无益"。那么就应

1 袁采，朱柏庐著.陈延斌，陈姝瑾译注.袁氏世范 朱子家训［M］.南京：江苏人民出版社，2019：230.
2 马天祥译注.格言联璧［M］.北京：中华书局，2020：214.
3 袁采，朱柏庐著.陈延斌，陈姝瑾译注.袁氏世范 朱子家训［M］.南京：江苏人民出版社，2019：290.
4 檀作文译注.曾国藩家书（上）［M］.北京：中华书局，2017：174.
5 张英，张廷玉著.张舒，丛伟注.陈明审校.父子宰相家训［M］.北京：新星出版社，2015：41.
6 张英，张廷玉著.张舒，丛伟注.陈明审校.父子宰相家训［M］.北京：新星出版社，2015：50.
7 袁采，朱柏庐著.陈延斌，陈姝瑾译注.袁氏世范 朱子家训［M］.南京：江苏人民出版社，2019：290.
8 张英，张廷玉著.张舒，丛伟注.陈明审校.父子宰相家训［M］.北京：新星出版社，2015：87.

当摒绝交游以防后患，而不能为图交游广博的名声，存有"我持正，彼安能惑我？我明察，彼不能蔽我！"的错误心态，因为天长日久，很难保证自己不会堕入损友的巧诈之术中。[1] 张英指出"寡交择友，则应酬简而精神有余"[2]，因此反对交友过多，他给子孙的建议是："汝辈但于至戚中，观其德性谨厚，好读书者，交友两三人足矣！"[3] 嵇康立下一条交游的规矩："自非知旧邻比，庶几已下欲请呼者，当辞以他故，勿往也。"[4] 希望儿子做到寡交简游、无友不如己。同时，嵇康告诫儿子，礼尚往来只能在真正的好友间进行，严禁收受关系疏远之人的馈赠，更不可轻易与之交往，因为"常人皆薄义而重利，今以自竭者，必有为而作"。无事献殷勤之辈，多半是另有所图，不可不防。

三是朋友相交以诚。颜之推对反对当时北方"行路相逢，便定昆季"的轻率做法，认为"必有志均义敌，令终如始者，方可议之"[5]。因此，要交往一二真正的好友十分不易，一旦正式交往，就应当诚心以待，对朋友及其家人都要礼敬有加。

值得注意的是，择友而交并非要禁绝子弟交游。袁采对时人为了避免子弟失德破家，将其"拘之于家，严其出入，绝其交游，致其无所闻见，朴野蠢鄙，不近人情"的畸形现象，提出了反对意见。他认为，一方面，禁断子弟交游的方式，并不能禁绝子弟做坏事，如果将子弟拘于家中无所事事，私下里败德之事照样在干，那么让其出门或者不出门并无两样；另一方面，长期禁绝子弟交游，必然导致家中子弟对外界之事缺乏见闻，一旦禁防松弛，极易被损友引诱而误入歧途，其败德之行也将"如火燎原，不可扑灭"。袁采指出，与其禁绝交游，"不若时其出入，谨其交游"，这样可以使子弟见闻广博，对于那些不肖之事，"习闻既熟，自能识破，必知愧而不为"。即便尝试去做一些不肖之事，心中也对其后果有清醒的认识，不会因孤陋寡闻而完全被小人左右，以致铸成大错却不自知。[6]

四、慎受恩惠

朱柏庐曰："施惠无念，受恩莫忘。"[7] 中华民族自古以来就有"滴水之恩，涌泉相报"的优秀传统美德，形成了"衔环结草"等报恩典范，体现出中华儿女

1　张英，张廷玉著．张舒，丛伟注．陈明审校．父子宰相家训［M］．北京：新星出版社，2015：31-32.
2　张英，张廷玉著．张舒，丛伟注．陈明审校．父子宰相家训［M］．北京：新星出版社，2015：79.
3　张英，张廷玉著．张舒，丛伟注．陈明审校．父子宰相家训［M］．北京：新星出版社，2015：59-60.
4　诸葛亮，范仲淹著．余进江选编译注．历代家训名篇译注［M］．上海：上海古籍出版社，2020：69.（嵇康·家诫）
5　檀作文译注．颜氏家训［M］．北京：中华书局，2011：80.
6　袁采，朱柏庐著．陈延斌，陈姝瑾译注．袁氏世范 朱子家训［M］．南京：江苏人民出版社，2019：159-160.
7　袁采，朱柏庐著．陈延斌，陈姝瑾译注．袁氏世范 朱子家训［M］．南京：江苏人民出版社，2019：290.

知恩图报、崇尚恩义的民族品格。司马光指出，"受人恩而不忍负者，其为子必孝，为臣必忠"[1]。可见，知恩图报也是评价个人品质的重要标准。

正是受到知恩图报思想的深刻影响，自古以来人们就对接受恩惠十分慎重，并形成了"无功不受禄"、受恩必择人等基本原则。

一是"无功不受禄"。《毛诗序》云："《伐檀》，刺贪也。在位贪鄙，无功而食禄，君子不得进仕尔。"[2]面对他人的馈赠或施予，能否正确对待和处理，是检验奋斗者意志和品格的磨刀石，也是决定奋斗目标能否实现的重要因素。古训有云："受恩多，则难以立朝。"[3]曾国藩对此有深刻感悟，一方面，他对自己以前随意接受别人馈赠深感不安，"从前施情于我者，或数百，或数千，皆钓饵也"。担心将来万一被朝廷外放做官，如果这些施恩惠者到所任地方来有所请求，自己可能会陷入"不应则失之刻薄，应之则施一报十，尚不足以满其欲"的尴尬境地。另一方面，深刻反思之前轻易受恩的轻浮举动后，曾国藩在京为官八年，始终保持一条处世原则，即"不肯轻受人惠，情愿人占我的便益，断不肯我占人的便益"。这样今后外放做官时，可以做到"京城以内无责报于我者"。曾国藩针对九弟曾国荃接受他人馈赠之事，在家书中特别强调："以后凡事不可占人半点便益，不可轻取人财。"希望弟弟们都能够慎受恩惠，以保持进退有余的自由之身，体现出对轻易受恩严重危害的清醒认识。[4]同时，世事有浮沉，受恩者发达之前，"受人之恩，常在吾怀，每见其人，常怀敬畏。而其人亦以有恩在我，常有德色"。受恩者荣达之后，又可能陷入"遍报则有所不及，不报则为亏义"的困境，可谓进退两难。因此，袁采多番告诫子孙："居乡及在旅，不可轻受人之恩。""虽一饭一缣，亦不可轻受。"[5]由此可见，受他人恩惠过多，极易成为今后事业人生的阻碍甚至绊脚石。所谓"吃人的嘴软，拿人的手短"，以廉洁从政为例，多少官员的贪腐之路就是从轻易受人恩惠开始，从小恩小惠积累至大恩大德，以至于最后欠下还不清的人情债，当施恩惠者提出非分甚至非法的要求时，若不照办，则背负忘恩负义的骂名；若照办，则滑入违纪违法甚至犯罪的深渊，决断时可谓五内如焚，事发后更是惨痛不堪，世人不可不以之为鉴也。

二是受恩必择人。张廷玉以自己仕宦沉浮五十余年的经验积累，郑重地告诫

1　张英、张廷玉著．张舒，丛伟注．陈明审校．父子宰相家训［M］．北京：新星出版社，2015：162.
2　王秀梅译注．诗经（下）［M］．北京：中华书局，2015：216.
3　袁采，朱柏庐著．陈延斌，陈姝瑾译注．袁氏世范 朱子家训［M］．南京：江苏人民出版社，2019：175.
4　檀作文译注．曾国藩家书（上）［M］．北京：中华书局，2017：452-453.
5　袁采，朱柏庐著．陈延斌，陈姝瑾译注．袁氏世范 朱子家训［M］．南京：江苏人民出版社，2019：174-175.

子孙："当受恩之时，必审视其人，可受而后受之；若不可受而亦受，而时存不忍负之心，必至牵缠局蹐，身败名裂，载胥及溺，不可不慎也。"[1]人生和家运都有顺逆之时，个人和家庭的力量都是有限的，虽然要慎受恩惠，但决然不受他人帮助也是极难之事。因此，当处于困境之时，如有可信之人施以援手，自当乐于接受并以图后报。"君子之交淡若水，小人之交甘若醴；君子淡以亲，小人甘以绝。彼无故以合者，必无故以离。"[2]如果施恩者是"淡以亲"的君子，必不会挟恩以图报，施受双方还可以成就一段君子之交的佳话。颜延之指出："使施如王丹，受如杜林，亦可与言交矣。"《后汉书》记载：王丹"家累千金，隐居养志，好施周急。每岁农时，辄载酒肴于田间，候勤者而劳之。其惰懒者，耻不致丹，皆兼功自厉。邑聚相率，以致殷富"[3]。李贤注引《东观汉记》记载，杜林与伏波将军马援是同乡，历来关系都很亲厚，马援从南方回来，正好杜林的马死了，马援就让其子送给杜林一匹马，并说"朋友有车马之馈，可且以备乏"。杜林坦然接受，数月后，杜林让其子送钱五万给马援，并解释说："将军内施九族，外有宾客，望恩者多。林父子两人食列卿禄，常有盈。"[4]王丹以施劝世，促勤诫惰，可谓明施惠之道也；马援和杜林以君子之交施受，收交淡情亲之效，可谓得施受之质也。

以古观今，古人受恩惠可谓慎也，当代之人却未能充分继承和发扬古风，一定程度上存在着滥受恩惠、受恩不知恩甚至是恩将仇报等不良现象。须知人生奋斗终须靠自己，依靠别人的恩惠不仅不能长久，也难以让自己在艰难困苦中磨炼意志，获得成长，所以决不可滥受恩惠。否则虽得一时之安逸，却失去了个人成长的机会，甚至背上沉重的人情负担，导致难以轻装前行。感恩意识是中华民族传统美德，也是当代人应当具备的基本品格，那些心安理得"啃老"、接受国家救济和社会捐助却视为理所应得之人，应当反思如何报答父母恩情，如何回报国家和社会的厚爱，而不是抱着"啃老有理、受捐应当"的心理，肆意消费父母和社会的爱心、慈心。那些恩将仇报之人，必将受到社会舆论谴责，如果对施恩之人行"老赖"甚至谋财害命之举，更会受到法律的严惩，天网恢恢，疏而不漏，灾殃及身，悔之晚矣。

1　张英，张廷玉著.张舒，丛伟注.陈明审校.父子宰相家训［M］.北京：新星出版社，2015：162.
2　方勇译注.庄子［M］.北京：中华书局，2015：327.
3　范晔撰.后汉书［M］.北京：中华书局，2007：281.
4　诸葛亮，范仲淹著.余进江选编译注.历代家训名篇译注［M］.上海：上海古籍出版社，2020：101-103.

五、慎嫁娶

婚姻是人生大事，中华优秀传统家风历来重视婚姻问题，并形成了慎嫁娶的思想，其主要内涵有二：一是慎择姻亲，二是慎再娶再醮。

一是慎择姻亲。古人婚姻讲究"父母之命，媒妁之言"，自主选择婚嫁对象的空间较小，但是部分有识之士家庭的婚嫁观念，也十分值得当代家庭借鉴。

第一，婚姻重才品家声，不重财富家势。朱柏庐主张"嫁女择佳婿，毋索重聘；娶妇求淑女，勿计厚奁"[1]。杨椿的祖父教诲儿孙"不听与势家作婚姻"[2]。颜之推的先祖靖侯立下"婚姻勿贪势家"[3]"婚姻素对"[4]的家规，要求男女婚配要选择清白人家。针对"卖女纳财，买妇输绢，比量父祖，计较锱铢，责多还少，市井无异"的不良社会现象，颜之推告诫世人，在儿女的婚姻问题上，不可唯财富家势马首是瞻，重点要考察结亲对象的个人品质和家风家教，否则就可能招致"或猥婿在门，或傲妇擅室，贪荣求利，反招羞耻"[5]的恶果。曾国藩主张"儿女联姻，但求勤俭孝友之家，不愿与宦家结契联婚，不使子弟长奢惰之习"[6]"总以无富贵气习者为主"[7]。他多次和家中父母兄弟讨论与常家的儿女联姻问题，因听闻其家之子"宦家习气太重"[8]"最好恃父势作威福，衣服鲜明，仆从烜赫"，担心"其家女子有宦家骄奢习气，乱我家规，诱我子弟好逸耳"[9]。又闻其"嫡庶不甚和睦"[10]，所以不愿与其结亲，请父母退还女方的年庚帖子，并托人婉言谢绝婚事。曾国藩告诫弟弟，在给儿女婚配时，亲家的为人如何一定要调查清楚，对于有恶习的家庭一定不能结亲，譬如"若吃鸦片烟，则万不可对"[11]。俗话说"前人强不如后人强"，在婚姻问题上，曾国藩对家势的理解更为长远睿智，他不以对方家庭眼前的景象为凭进行判断，而是以十年甚至更长远的发展眼光来看待对方家庭发展，他在家书中劝诫弟弟不要急于与彭十九家结亲，因为他认为"彭家发泄将尽，不能久于蕴蓄，此时以女对渠家"，"目前非不华丽，而十年之外，局面亦必一变"[12]。虽然也有看重对方家势之嫌，但是这种重家势，却与仅看中

1　袁采，朱柏庐著，陈延斌，陈姝瑾译注．袁氏世范 朱子家训 [M]．南京：江苏人民出版社，2019：287-288.
2　诸葛亮，范仲淹著．余进江选编译注．历代家训名篇译注 [M]．上海：上海古籍出版社，2020：123.
3　檀作文译注．颜氏家训 [M]．北京：中华书局，2011：197.
4　檀作文译注．颜氏家训 [M]．北京：中华书局，2011：45.
5　檀作文译注．颜氏家训 [M]．北京：中华书局，2011：45.
6，9　檀作文译注．曾国藩家书（上）[M]．北京：中华书局，2017：263.
7，10　檀作文译注．曾国藩家书（上）[M]．北京：中华书局，2017：551.
8，11　檀作文译注．曾国藩家书（上）[M]．北京：中华书局，2017：314.
12　檀作文译注．曾国藩家书（上）[M]．北京：中华书局，2017：454.

对方父祖权势财富的家势之论有所不同，是对其家庭后继发展之力进行的综合判断，其中就包含了对结亲对象才德的考量和分析。

第二，婚姻要男女才德品貌相称。袁采认为儿女婚姻"苟人物不相当"，一则子女终身抱恨，二则容易因夫妻婚后不和谐产生其他是非。所以他主张"男女议亲，不可贪其阀阅之高，资产之厚"[1]，而要深入分析男女双方才德品貌是否相称。他大胆地提出，在儿女婚嫁皆为父母之命、媒妁之言的时代，"凡嫁娶因非偶而不和者，父母不审之罪也"[2]。那么父母怎样尽到审核把关的职责呢？一是客观评价双方才德品貌。在儿女择偶的过程中，父母不仅要考察对方的才德品貌，也要对自家子女进行客观评判，"如我子愚痴庸下，若娶美妇，岂特不和，或有他事；如我女丑拙很妒，若嫁美婿，万一不和，卒为其弃出者有之"[3]。二是不轻信媒妁之言。袁采认为："大抵嫁娶固不可无媒，而媒者之言不可尽信。"[4]古时媒人为了促成婚姻以得利，往往有言语不实的恶习，对男方称赞女方美貌且嫁妆丰厚，对女方说男方富有且彩礼厚重，当结成婚姻后，媒人的不实之词被拆穿，男女均感觉受到了欺骗，往往因此而夫妻反目，甚至离婚。

第三，婚姻不可幼议婚，不可因熟废礼。针对时兴的"指腹为婚"现象，袁采提出了反对意见，他认为"人之男女，不可于幼小之时便议婚姻"。其原因主要在于"富贵盛衰，更迭不常；男女之贤否，须年长乃可见"。如果世事变易，人性迁移，"或昔富而今贫，或昔贵而今贱，或所议之婚流荡不肖，或所议之女很戾不检"。那么就容易陷入"从其前约则难保家，背其前约则为薄义"[5]的两难境地，甚至因此引发诉讼官司。要防止发生此类问题，最好的办法是在子女适婚年龄再议婚嫁，此时人性世事已定，便不易发生不测之变数。袁采对当时"因亲及亲"的婚嫁风俗表示赞同，但告诫世人千万不可"相熟而相简，至于相忽"，否则容易引发"相争而不和，反不若素不相识而骤议亲者。"的严重后果，结果不仅没有亲上加亲，反而因结亲而致怨。他分析当时侄女嫁到姑姑家，却唯独不招姑姑喜欢，外甥女嫁到舅舅家，却唯独不招舅舅喜欢的奇特现象，认为"皆由玩易于其初，礼薄而怨生，又有不审于其初之过者"[6]。对于如何防止这类问题，袁采给出了两条建议：一是不可因为彼此关系熟悉，而忽略必要的结亲礼节；二

1　袁采，朱柏庐著．陈延斌，陈姝瑾译注．袁氏世范　朱子家训［M］．南京：江苏人民出版社，2019：87.
2　袁采，朱柏庐著．陈延斌，陈姝瑾译注．袁氏世范　朱子家训［M］．南京：江苏人民出版社，2019：88.
3，4　袁采，朱柏庐著．陈延斌，陈姝瑾译注．袁氏世范　朱子家训［M］．南京：江苏人民出版社，2019：89.
5　袁采，朱柏庐著．陈延斌，陈姝瑾译注．袁氏世范　朱子家训［M］．南京：江苏人民出版社，2019：86.
6　袁采，朱柏庐著．陈延斌，陈姝瑾译注．袁氏世范　朱子家训［M］．南京：江苏人民出版社，2019：90-91.

是不能忘记亲上加亲是为了关系更亲密的本义，在礼数上不可求全责备。男女两家相互理解、相互包容，才能真正实现通过联姻而亲上加亲的目的。

综上可见，古人在选择姻亲的问题上十分慎重，这对当代家庭和社会具有重要启示价值。如能体悟"嫁女择佳婿，毋索重聘"[1]的深意，就不至于发生因贪图高额彩礼，导致男方"因婚致贫"或女儿所嫁非人的问题。试想自家女儿嫁到"因婚致贫"的家庭，若男方贤良，其婚后可能仅受物质生活之困苦，若男方蛮横，则还要因娘家的举动遭受婆家怨恨甚至欺辱；而所托非人的婚姻，女儿则更会痛苦一生，为人父母者忍心让女儿陷入如此境地否？如能体悟"娶妇求淑女，勿计厚奁"的深意，就不至于发生悍妇在室、家宅不宁，或者仅有漂亮皮囊、德才不能持家的问题，"妻贤夫祸少"，"妇女能顶半边天"，没有贤德的女主人，一个家庭就难以发展兴旺，试看多少事业成功者最后栽在了家庭问题上？如能体悟"有男虽欲择妇，有女虽欲择婿，又须自量我家子女如何"[2]的深意，自不会攀求高门，或以家势强求结亲，这样的婚姻因利而合，也必将因利而散，因势而结，也必将因势而离。如能看透过早议婚和因熟废礼的巨大危害，则自不会提倡"娃娃亲"，也必不会在与亲友"亲上加亲"的婚姻中产生礼数不周的问题。

二是慎再娶再醮。出于家庭生活和社会经济生活的客观需求，即便是在提倡"一女不事二夫"的中国古代，丧偶或离异之人再娶再醮也在所难免。但是，出于对子女影响和婚配难度的考虑，众多贤达都对再娶再醮十分慎重。

第一，再娶再醮容易对子女产生不利影响。历史上，鉴于贤父吉甫因后妻离间而放逐孝子伯奇的先例，曾参、王骏、管宁在妻子死后均不再娶，曾参谓其子曰："吾不及吉甫，汝不及伯奇。"王骏谓人曰："我不及曾参，子不如华、元。"管宁曰："每省曾子、王骏之言，意常嘉之，岂自遭之而违本心哉？"在曾参、王骏、管宁之后，"假继惨虐孤遗，离间骨肉，伤心断肠者，何可胜数。"[3]有鉴于此，《颜氏家训》连用两个"慎之哉！"告诫世人再娶再醮一定要慎重。颜之推认为"凡庸之性，后夫多宠前夫之孤，后妻必虐前妻之子"[4]。其原因有二：一则妇人容易产生嫉妒心理，而男人容易沉溺于女色诱惑，往往对后妻言听计从，以致前妻之子多遭虐待；二则在事势上，前夫的子女往往不敢与后父之子争夺家

1 袁采，朱柏庐著．陈延斌、陈姝瑾译注．袁氏世范 朱子家训 [M]．南京：江苏人民出版社，2019：287-288.
2 袁采，朱柏庐著．陈延斌、陈姝瑾译注．袁氏世范 朱子家训 [M]．南京：江苏人民出版社，2019：88.
3 檀作文译注．颜氏家训 [M]．北京：中华书局，2011：26-27.
4 檀作文译注．颜氏家训 [M]．北京：中华书局，2011：29.

产，而后妻为了帮助自己的子女争夺家产，必然要打压甚至虐待前妻之子。有上述两重因素的存在，就必然产生"继亲虐则兄弟为仇"的局面，"祸起萧墙"的门户之祸也就难以避免了。但是，如果前妻之子能够具备东汉孟包那样的孝友之行，后娶之祸也并非必然无解。孟包丧母后父亲再娶，从此就开始憎恶孟包，并将其逐出家门，孟包日夜嚎啕痛哭不愿离开，却被父亲棍棒殴打，孟包不得已只能在屋门外搭建草棚居住，每天早上都回家清扫房屋，他的父亲又驱赶他，孟包就在里巷搭建小屋居住，但仍然每天早晚向父母请安，这样过了一年多，他的父亲和继母感到惭愧，才让他搬回家居住。父母逝世后，后母所生的弟弟要求分家，孟包中分其财，但"奴婢引其老者""田庐取其荒顿者""器物取其朽败者"，并且弟弟几次败光家产，孟包都一次又一次地给予资助。孟包以如此孝心，如此友爱之情，才使后娶之家得以平安顺遂。但是，试问当世之人又有几人可以做到孝友如孟包？当世之父母又有几人愿意让子女遭受如此之苦痛？同时，不仅再娶会给子女带来伤害，再醮给子女带来伤害的事例也比比皆是。这种伤害不仅是感情上对子女的疏远冷漠，某些继父对继女行不轨之事的禽兽行径，更是直接对继女造成终生难以弥补的伤痛，有意再醮之人不可不引以为戒也。因此，袁采主张"寡妇再嫁，或有孤女年未及嫁，如内外亲姻有高义者，宁若与之议亲，使鞠养于姑舅之家，俟其长而成亲。若随母而归义父之家，则嫌疑之间多不自明。"[1]虽然将孤女在未达婚嫁年龄之前鞠养于议亲之家的做法，并不一定适合当代社会，但是使孤女与继父避嫌的考虑却有其可取之处，虽然事非必然，但这种担心也并非毫无道理。

第二，再娶再醮难有合适的婚配对象。袁采认为："中年以后丧妻乃人之大不幸。"因为中年男子家中若无女主人，则子女照料、生活起居都会遭遇困难。但是"中年再娶为尤难"。究其原因，一则如果再娶对象是未出阁的姑娘，"则少艾之心，非中年以后之人所能御"；二则如果再娶对象是寡居或离异的妇女，若其不能安分自守，就不容易管束。[2]当然，事无绝对，并非没有"贤淑自守、和睦如一"的妇人，只是在现实生活中遇之不易。再醮也面临与再娶类似的问题，再醮之人往往已不再是风华正茂之时，再醮对象也往往是历经婚姻、生活困苦之人，因此在品貌、年龄、家庭情况等方面，难以达到融洽匹配的状态。总之，再

1　袁采, 朱柏庐著. 陈延斌, 陈姝瑾译注. 袁氏世范 朱子家训［M］. 南京：江苏人民出版社, 2019：81.
2　袁采, 朱柏庐著. 陈延斌, 陈姝瑾译注. 袁氏世范 朱子家训［M］. 南京：江苏人民出版社, 2019：82.

娶再醮受到自身条件、子女抚养、家庭结构、经济状况等各方面因素影响，要实现合适的婚配较为困难，从现实社会来看，凑合过日子者多，而真正产生感情并合力齐家者则较为难得。

鉴于再娶再醮的诸多弊端和困难，当世之人尤当警醒对待婚姻生活的态度，多一些宽容和忍耐，尽力保持婚姻稳定，避免婚姻关系破裂而对子女和家庭造成不可挽回的损害。

六、慎所好

"八小时之外"的业余爱好可以体现个人道德修养和志向情操。子曰："饱食终日，无所用心，难矣哉！不有博弈者乎？为之，犹贤乎已。"[1]孔子反对饱食终日无所事事的状态，指出就算是下棋娱乐也比什么都不干要强。但是在爱好方面，必须有所取舍，譬如张廷玉就以闲静为乐，"若日事笙歌，喧哗杂迫，神智渐就昏惰，事务必至废弛，多费又其馀事也。"[2]总体来看，中华优秀传统家风提倡寄情山水、乐观花木，以琴棋书画娱情等良好个人爱好，反对酗酒、赌博、好声伎器玩等不良个人爱好。

一是慎饮酒。饮酒无度是乱礼的行为，也是产生祸乱的缘由。《史记·卫康叔世家》记载，周公旦告诫康叔："纣所以亡者以淫于酒，酒之失，妇人是用，故纣之乱自此始。"[3]并且作《酒诰》以命之。《礼记·乐记》有云："夫豢豕为酒，非以为祸也，而狱讼益繁，则酒之流生祸也。是故先王因为酒礼。壹献之礼，宾、主百拜，终日饮酒而不得醉焉，此先王之所以备酒祸也"[4]因此，王肃告诫子孙："夫酒，所以行礼、养性命、欢乐也。过则为患，不可不慎。""祸变之兴，常于此作，所宜深慎。"他严令子孙，作为主人不能强劝客人喝酒致醉，作为客人不能带头多喝，不得主持酒政，如果无法推脱而行酒，也应做到"随其多少，犯令行罚，示有酒而已，无使多也"[5]。嵇康也告诫子孙，如果他人已经喝醉，就不能再纠缠不休，如果自己已不胜酒力，就应立即停止，不可喝至酩酊大醉，以致失去仪态"不能自裁也"[6]。颜延之指出："酒酌之设，可乐而不可嗜，嗜而

1 杨伯峻译注. 论语译注（简体字本）[M]. 北京：中华书局，2017：269.
2 张英，张廷玉著. 张舒，丛伟注. 陈明审校. 父子宰相家训 [M]. 北京：新星出版社，2015：136.
3 司马迁撰，裴骃集解，司马贞索隐，张守节正义. 史记（二）[M]. 北京：中华书局，2011：1450.
4 胡平生，张萌译注. 礼记（下）[M]. 北京：中华书局，2017：730.
5 诸葛亮，范仲淹著. 余进江选编译注. 历代家训名篇译注 [M]. 上海：上海古籍出版社，2020：42.
6 诸葛亮，范仲淹著. 余进江选编译注. 历代家训名篇译注 [M]. 上海：上海古籍出版社，2020：70.

非病者希，病而遂眚者几。既眚既病，将蔑其正。"[1]他认为，嗜酒成性之人容易产生性格上的毛病和行为上的过失，进而损害人的正性，要恢复人的正性，避免随意发泄的问题，唯一的办法就是戒酒。《礼记·玉藻》记载了君子接受国君赐酒的"三爵之礼"，体现出古人适当饮酒的意蕴，"君子之饮酒也，受一爵而色洒如也，二爵而言言斯，礼已三爵，而油油以退"[2]。君子在接受国君赐酒三爵后就退下，避免过量饮酒而失态失仪。

饮酒过度不仅会失德，会误事，还可能违法犯罪，甚至招致杀身之祸，历史上可鉴之事颇多，君子不可不戒惧也。古时有劝客人醉酒后强行留宿，导致客人醉后身亡，也有酒后失言失态，招致杀身之祸的真实案例。观之当代社会，醉驾已经入刑，所以千万谨记"喝酒不开车，开车不喝酒"的警示，否则一旦饮酒开车，动辄就会违法甚至犯罪。而令全国人民群情激愤的河北唐山烧烤店打人事件，饮酒过度导致情绪和行为失控，可能也是其诱因之一。面对古往今来众多的惨痛事例和血淋淋的教训，任何有道德感、有责任感、有危机意识、有法治意识的公民，都应将慎饮酒作为座右铭终身奉行。

二是禁赌博。《万历野获编》中有对赌博危害的精辟分析，"今天下赌博盛行，其始失货财，甚则鬻田宅，又甚则为穿窬，浸成大夥劫贼"。张廷玉认为："赌博之为害，不可悉数，故前人恨之切骨，非好为此过激之论也。"其父张英更是立下严禁赌博的家训："马吊淫巧，众恶之门；纸牌入手，非吾子孙。"并在家书中以之作为印章加盖于信尾，张廷玉受禁赌家风的影响，不禁自己终身未习赌博之事，还告诫子孙后代严守这一良好家风。[3]颜延之指出，"抃、博、蒲、塞，会众之事，谐调哂谑，适坐之方，然失敬致侮，皆此之由。"[4]告诫子孙要慎重对待有赌博性质的游戏，虽然有娱乐之用，却也是侵辱所生之由。袁采告诫世人："士大夫之家，有夜间男女群聚呼卢至于达旦，岂无托故而起者。试静思之。"[5]提醒好赌博的家庭，注意别有用心者利用深夜聚众赌博之机，而行不轨之事。

观之当今社会，赌博的危害已不仅限于失敬致侮、伤风败俗之事，借助于网络等快速传播方式，赌博的危害愈演愈烈，对个人、家庭和社会的负面影响越来

1　诸葛亮，范仲淹著.余进江选编译注.历代家训名篇译注［M］.上海：上海古籍出版社，2020：99.
2　胡平生，张萌译注.礼记（上）［M］.北京：中华书局，2017：571.
3　张英，张廷玉著.张舒，丛伟注，陈明审校.父子宰相家训［M］.北京：新星出版社，2015：167-168.
4　诸葛亮，范仲淹著.余进江选编译注.历代家训名篇译注［M］.上海：上海古籍出版社，2020：96.
5　袁采，朱柏庐著.陈延斌，陈姝瑾译注.袁氏世范 朱子家训［M］.南京：江苏人民出版社，2019：210.

越深远。有事业成功者，因赌博欠下巨额债务，导致辛勤奋斗的成果，一夕之间化为乌有；有身负公职者，因沉迷赌博导致巨额亏空，最终贪污受贿、挪用公款以致锒铛入狱；有家庭美满者，因赌博导致家庭经济濒临绝境，致使妻离子散甚至家破人亡；有安守本分者，因陷入赌博深渊无法自拔，进而干起诈骗、盗窃、抢劫等违法犯罪勾当，最终失去自由甚至生命。其实，"黄赌毒"已不仅是不良嗜好的范畴，在社会主义法治国家，组织或参与"黄赌毒"已属违法犯罪行为，是必须坚决铲除的社会毒瘤。每一位公民都应当树立坚决抵制"黄赌毒"的法治意识，自觉遵守法律法规规定，严格约束自身行为，培养健康积极的兴趣爱好，保护好自己、保护好家人，也为营造良好的法治环境和社会风尚贡献个人力量。

三是慎好声伎器玩。张英认为："细思天下歌舞声伎、古玩书画、禽鸟博弈之属，皆多费而耗物力，惹气而多后患，不可以训子孙。"[1]张廷玉以其丰富的人生阅历，总结出一条社会规律，即"好声伎者及身必败；好古玩，未有传及两世者"[2]，并郑重告诫子孙，自己见到这样的事例太多了，必须要深以为戒。

在慎好声伎方面。《礼记·乐记》有言："乐者为同，礼者为异。同则相亲，异则相敬。乐胜则流，礼胜则离。合情饰貌者，礼、乐之事也。"[3]揭示出乐的本质在于合和情感，使人彼此亲近，但是乐不可胜，否则就会产生轻慢不敬的问题。孔子曰："益者三乐，损者三乐。乐节礼乐，乐道人之善，乐多贤友，益矣。乐骄乐，乐佚游，乐宴乐，损矣。"[4]一方面将"乐节礼乐"列为有益的乐趣，一方面将"乐宴乐"列为有损的爱好，反复强调宴乐要有节制，不能过度流连。颜延之也认为："声乐之会，可简而不可违，违而不背者鲜矣，背而非弊者反矣。既弊既背，将受其毁。"[5]强调宴乐之会，必须简约而有节度，过度则必然走向反面，走向反面就会产生弊端，最终使人受到毁伤。这种毁伤，既有经济方面的，也有财物方面的，还有道德品性方面的，有识君子不可不深以为戒。古人有养家伎的风俗，张廷玉则坚决反对"畜优人于家"，他认为："此等轻儇佻达之辈，日与子弟家人相处，渐染仿效，默夺潜移，日流于匪僻，其害有不可胜言者。"[6]张廷玉久居京师，见闻阅历十分丰富，他纵观世事，凡是富贵人家畜优人者，短则

1 张英，张廷玉著．张舒，丛伟注．陈明审校．父子宰相家训［M］．北京：新星出版社，2015：58．
2 张英，张廷玉著．张舒，丛伟注．陈明审校．父子宰相家训［M］．北京：新星出版社，2015：109．
3 胡平生，张萌译注．礼记（下）［M］．北京：中华书局，2017：720．
4 杨伯峻译注．论语译注（简体字本）［M］．北京：中华书局，2017：250．
5 诸葛亮，范仲淹著．余进江选编译注．历代家训名篇译注［M］．上海：上海古籍出版社，2020：99．
6 张英，张廷玉著．张舒，丛伟注．陈明审校．父子宰相家训［M］．北京：新星出版社，2015：136．

数年或数十年，长则两代之内必然倾家荡产、生计窘迫，几乎百试不爽，可谓"图一时之娱乐，贻后人无穷之患"，当为世人所嗟叹、所戒惧者也。

在慎好器玩方面。朱柏庐主张："器具质而洁，瓦缶胜金玉"。[1]张英认为："人生于珍异之物，决不可好。"[2]指出砚台、琴、瓷器等物皆以合用为贵，除此之外皆属无益，因此不必追求珍异有名。对于"名画法书及海内有名玩器"，一则真假难辨，可能花费大量钱财却购得赝品，白白交了"智商税"；二则即便有幸购得真品，也可能为收藏之人"贾祸招尤"，甚至遗祸子孙。"昔真定梁公有画字之好，竭生平之力收之，捐馆后为势家所求索殆尽。然虽与以佳者，辄谓非是，疑其藏匿，其子孙深受斯累，可为明鉴者也。"[3]张英告诫世人，爱好器玩往往是前人收藏，后人遭殃，不可不引以为戒也。所谓"匹夫无罪，怀璧其罪。"[4]"甚爱必大费，多藏必厚亡。"[5]老聃至论诚不我欺也。不仅在器物方面要慎好名贵，朱柏庐还主张"勿营华屋，勿谋良田"[6]。究其原因，皆是为子孙长远计，恐自己身故之后，子孙无德才地位，难以守成家业田产，最终为势家所夺，其凄凉境况尚不如长守简居薄田也。在"勿营华屋"方面，杨椿训示子孙，"吾今日不为贫贱，然居住舍宅，不作壮丽华饰者，正虑汝等后世不贤，不能保守之，方为势家所夺。"[7]曾国藩也告诫弟弟，起屋起祠堂不可太过闳丽，否则"苟为一方首屈一指，则乱世恐难幸免""如江西近岁凡富贵大屋无一不焚，可为殷鉴"[8]，在"勿谋良田"方面，历史上最著名的例子，当属孙叔敖诫子请封寝邱之事。孙叔敖为楚相，将死，诫其子曰："王数封我矣，吾不受也。我死，王则封汝，必无受利地。楚越之间有寝邱者，此其地不利而名甚恶，可长有者唯此也。"孙叔敖死，王以美地封其子。其子辞，请寝邱，累世不失。[9]正因孙叔敖为子孙长久计，诫勉其子"勿谋良田"，才让子孙后代虽封贫瘠之地，却得累世不失之利。

总之，做到慎饮酒、慎赌博、慎好声伎器玩，则其人神志常明、礼仪常周、身家常安、情志常宁，不仅自身无神智昏聩、唯利是图、玩物丧志之虞，还可遗泽后世子孙，常保家业不失、家道长盛。当代个人和家庭应当以之为鉴，慎其所

1，6　袁采，朱柏庐著．陈延斌，陈姝瑾译注．袁氏世范 朱子家训［M］．南京：江苏人民出版社，2019：287.
2　张英，张廷玉著．张舒，丛伟注．陈明审校．父子宰相家训［M］．北京：新星出版社，2015：21.
3　张英，张廷玉著．张舒，丛伟注．陈明审校．父子宰相家训［M］．北京：新星出版社，2015：22.
4　张英，张廷玉著．张舒，丛伟注．陈明审校．父子宰相家训［M］．北京：新星出版社，2015：149.
5　高明撰．帛书老子校注［M］．北京：中华书局，1996：40.
7，9　诸葛亮，范仲淹著．余进江选编译注．历代家训名篇译注［M］．上海：上海古籍出版社，2020：123.
8　檀作文译注．曾国藩家书（中）［M］．北京：中华书局，2017：1160.

好，以完善个人德行，营造良好家风，保障个人和家庭的奋斗目标顺利实现。

第七节　宽恕

宽恕是什么？孔子将"恕"解释为"己所不欲，勿施于人"[1]。简单地说，宽恕的底线就是不超出要求自己的标准去要求他人，不出现孟子所谓"人病舍其田而芸人之田——所求于人者重，而所以自任者轻"[2]的现象，即不搞"双重标准"。"是故君子有诸己而后求诸人，无诸己而后非诸人。"[3]自己没有忠恕之心，不为善行、不禁恶行而责他人为之，自古以来都不可能行得通。

宽恕的价值是什么？陈继儒曰："涵容是处人第一法。"[4]张廷玉指出："凡人度量广大，不嫉妒，不猜疑，乃己身享福之相，于人无所损益也。"以宽恕之道处世，于己有利，于人无损，何乐而不为呢？作为奋斗者立身、和家、处世的基本原则和实现奋斗目标的重要方法，宽恕可以从宽恕待人、宽恕处家两个方面施行。

一、宽恕待人

张廷玉指出，君子之风必是严己宽人，"故君子观人，则众恶必察，自修惟正己而不求于人。待小人尤宜宽，乃君子之有容。不然，反欲小人容我哉？"[5]袁采认为，欲责于人必先自达，"忠、信、笃、敬，先存其在己者，然后望其在人者。如在己者未尽而以责人，人亦以此责我矣"[6]。同时，他还主张对平时薄我者以直报怨，"勿与之厚，亦不必致怨"[7]。在历史上也有不少以德报怨的事例，比如北宋时期，王旦与寇准在皇帝面前"旦专称寇准，而准数短旦"。张廷玉认为，王旦对寇准之类的奉公忠直者敬重宽容，体现出以德报怨的高尚品格。[8]

要做到宽以待人，应当把握三条原则：客观评价、不求全责备、不疾之己甚。

首先，评价人物事件要客观。张廷玉认为："凡人看得天下事太容易，由于未曾经历也。待人好为责备之论，由于身在局外也。"[9]以旁观者的眼光、心态

1　杨伯峻译注.论语译注（简体字本）[M].北京：中华书局，2017：237.
2　杨伯峻译注.孟子译注[M].北京：中华书局，2010：314.
3　胡平生，张萌译注.礼记（下）[M].北京：中华书局，2017：1169.
4　成敏译注.小窗幽记[M].北京：中华书局，2016.03：14.
5　张英，张廷玉著.张舒，丛伟注.陈明审校.父子宰相家训[M].北京：新星出版社，2015：177.
6　袁采，朱柏庐著.陈延斌，陈姝瑾译注.袁氏世范 朱子家训[M].南京：江苏人民出版社，2019：119.
7　袁采，朱柏庐著.陈延斌，陈姝瑾译注.袁氏世范 朱子家训[M].南京：江苏人民出版社，2019：176.
8　张英，张廷玉著.张舒，丛伟注.陈明审校.父子宰相家训[M].北京：新星出版社，2015：147.
9　张英，张廷玉著.张舒，丛伟注.陈明审校.父子宰相家训[M].北京：新星出版社，2015：119.

看待和评价他人行为，往往会失之偏颇。只有设身处地、客观分析相关情况，才能避免以主观武断的标准轻率苛责他人。

其次，不可求全责备。子夏曰："大德不逾闲，小德出入可也。"[1]宋太宗赞扬吕端："小事糊涂，大事不糊涂。"鄂尔泰主张："大事不可糊涂，小事不可不糊涂。若小事不糊涂，则大事必至糊涂矣。"[2]皆是告诫世人在为人处世方面不可求全责备，所谓"水至清则无鱼，人至察则无徒"，察人观物均应从大处着眼，勿纠细节，否则就可能一叶障目不见泰山，产生以偏概全的问题。

再次，责人不可过急过甚。子曰："好勇疾贫，乱也，人而不仁，疾之已甚，乱也。"[3]兔子被逼急了都会咬人，如果责人过甚，极易引发混乱和灾祸。人非圣贤，孰能无过，过而能改，善莫大焉，要以宽容的态度，给人以改正的时间和空间。如果责人过急过甚，一方面，可能导致被责之人意志消沉，从此堕落；另一方面，可能导致被责之人产生逆反心理，进而产生激烈冲突或矛盾。无论出现哪一种情况，都将对双方造成严重负面影响。袁采以教育奴婢为例，阐明了责人不可过急过甚的道理，他根据日常管理经验，告诫子孙："婢仆有过，既以鞭挞，而呼唤使令，辞色如常，则无他事。盖小人受杖方内怀怨，而主人怒不之释，恐有轻生而自残者。"[4]

二、宽恕处家

"自古人伦，贤否相杂。"一般家庭很难达到父子皆贤、兄弟皆悌、夫妻皆敬的状态。对于处理家庭问题，袁采主张："譬如身有疮疾疣赘，虽甚可恶，不可决去，惟当宽怀处之。"[5]例如父子、兄弟之间就"不可相视如朋辈，事事欲论曲直"，正确的处理方式应是长者自省、幼者不辩。袁采认为"居家久和者，本于能忍"，家庭成员间相互容忍，对于家庭和睦十分重要。但是仅仅忍耐并不足以和家，还要知"处忍之道"，否则虽忍一时之忿，却不断藏蓄矛盾，"积之既多，其发也，如洪流之决，不可遏矣"。所谓"处忍之道"，即做好自我心理疏导排解，以"此其不思尔！""此其失误尔！""此其所见者小尔！""此其利害宁几何！"等自解之词，随时纾解心中怨愤，这样才能从内心真正宽恕家人，

1 杨伯峻译注. 论语译注（简体字本）［M］. 北京：中华书局，2017：284.
2 张英，张廷玉著. 张舒，丛伟注. 陈明审校. 父子宰相家训［M］. 北京：新星出版社，2015：110.
3 杨伯峻译注. 论语译注（简体字本）［M］. 北京：中华书局，2017：117.
4 袁采，朱柏庐著. 陈延斌，陈妹瑾译注. 袁氏世范 朱子家训［M］. 南京：江苏人民出版社，2019：218.
5 袁采，朱柏庐著. 陈延斌，陈妹瑾译注. 袁氏世范 朱子家训［M］. 南京：江苏人民出版社，2019：20.

并进而产生和家的效果。[1]

宽恕处家对于当代家庭具有重要意义，当代社会面临从独生子女到三孩政策更迭下的家庭结构转型，今后的家庭结构必将日益庞大，家庭成员间的关系将更为复杂多元，家庭成员相处之道就显得尤为重要。作为独生子女一代的父母，由于家庭结构缺陷，相对缺乏宽恕处家的经验积累，面对今后在"二孩""三孩"政策下出生的子女，从中华优秀传统家风中汲取宽恕处家的良方，将对构建和谐家庭、和谐社会产生巨大的促进作用。

第八节　中庸

《礼记·中庸》有言："喜怒哀乐之未发，谓之中；发而皆中节，谓之和。中也者，天下之大本也；和也者，天下之达道也。致中和，天地位焉，万物育焉。"[2] 朱熹认为："中庸者，不偏不倚，无过不及，而平常之理，乃天命所当然，精微之极致也。"[3] 中庸是人之性情与天地大道相合、谨于礼法而有度的表现，不偏不倚，不过也不无及，就能使万物各归其位而生生不息，行为从心所欲而不逾矩。所以，仲尼曰："君子中庸，小人反中庸。君子之中庸也，君子而时中；小人之中庸也，小人而无忌惮也。"[4] 君子遵守中庸之道而行为皆合宜适中，小人则因行为肆无忌惮而违反中庸达道。历代先圣贤达皆贵中庸，在修身、治家、处世、治学、为政等方面均高度推崇行中庸之道。

一是修身、治家、处世方面持中庸之道。曾国藩认为儒家教人修身，千言万语只汇为四个字，就是"不忮不求"。"忮者，嫉贤害能，妒功争宠，所谓'怠者不能修，忌者畏人修'之类也。求者，贪利贪名，怀土怀惠，所谓'未得患得，既得患失'之类也。"[5] 不忮不求也就是不嫉妒、不贪婪。而产生嫉妒心、贪婪心最重要的原因，就在于不能保持不偏不倚、客观公正的平常心，往往偏执于功业、名利而不能"中庸"，进而成为世人修身的大障碍。曾国藩对此有十分清醒的认识，不仅自己"笃畏天命，力求克去褊心忮心"[6]，还作《忮求诗》二首训示子孙，

1　袁采，朱柏庐著.陈延斌，陈妹瑾译注.袁氏世范 朱子家训［M］.南京：江苏人民出版社，2019：22.
2　胡平生，张萌译注.礼记（下）［M］.北京：中华书局，2017：1007-1008.
3　朱熹撰.四书章句集注［M］.北京：中华书局，2012：18-19.
4　胡平生，张萌译注.礼记（下）［M］.北京：中华书局，2017：1008.
5　檀作文译注.曾国藩家训［M］.北京：中华书局，2020：457.
6　檀作文译注.曾国藩家训［M］.北京：中华书局，2020：449.

期望子孙涵养"中庸"精神，去除嫉妒心、贪求心，明心见性，达到孟子描绘的仁义境界，即"人能充无欲害人之心，而仁不可胜用也；人能充无穿窬之心，而义不可胜用也"[1]。

陈继儒指出："俭，美德也，过则为悭吝，为鄙啬，反伤雅道；让，懿行也，过则为足恭，为曲谨，多出机心。"[2]以俭啬、让恭之间的转化关系，表明在修身、治家、处世过程中保持"中庸"的重要性。

张英认为，"人之居家立身，最不可好奇。""人能于伦常无缺，起居动作、治家节用、待人接物，事事合于矩度，无有乖张，便是圣贤路上人，岂不是至奇？"[3]告诫子孙不可存一味标新立异之念，而有损中庸之道。国人自古以来所衣所食不过"布帛菽粟"，历经千年不改，却朝夕不能离，因此越是中庸，越是平淡朴实，就越有千年不易之至味，越能保人际常谐，家宅常安，家道长盛。

陆士衡《豪士赋》云："身危由于势过，而不知去势以求安；祸积由于宠盛，而不知辞宠以招福。此富贵人之通病也。"[4]正是由于"势过""宠盛"背离了中庸之道的平衡，所以导致"身危""祸积"的后果。对此，必须通过"去势""辞宠"的方式重新回归中庸，以求得安宁与福气。可见，是否秉持"中庸"将影响个人的安危祸福，有识君子不可不慎也。

袁采要求子孙在借贷利息方面守"中庸"之道，即"假贷取息贵得中"。他对当时江西"借一贯文约还两贯文"，衢州开化"借一秤禾而取两秤"，浙西"借一石米而收一石八斗"的高利贷行为提出强烈批评，认为这些行径"皆不仁之甚"，他从"天道好还"的因果报应观念角度，指出"父祖以是而取于人，子孙亦复以是而偿于人"[5]。袁采的因果观虽有迷信之嫌，但其结论却有政治经济学方面的理论支持。从国家治理角度而言，"有德此有人，有人此有土，有土此有财，有财此有用。德者本也，财者末也。外本内末，争民施夺。是故财聚则民散，财散则民聚。是故言悖而出者，亦悖而入；货悖而入者，亦悖而出"[6]。即便是人君，如果毫无限度地攫取不义之财，也必然引发巨大的灾祸，攫取的财物也必将散逸殆尽。观之世界历史，君王横征暴敛引发民众起义反抗，最终只得花费更多钱财平叛的案例，可谓不胜枚举。可见，"货悖而入者，亦悖而出"是万古不易的真

1　杨伯峻译注.孟子译注［M］.北京：中华书局，2010：313.
2　成敏译注.小窗幽记［M］.北京：中华书局，2016：6.
3　张英、张廷玉著、张舒，丛伟注，陈明审校.父子宰相家训［M］.北京：新星出版社，2015：66-67.
4　张英、张廷玉著、张舒，丛伟注，陈明审校.父子宰相家训［M］.北京：新星出版社，2015：183.
5　袁采，朱柏庐著.陈延斌，陈姝瑾译注.袁氏世范 朱子家训［M］.南京：江苏人民出版社，2019：255.
6　胡平生，张萌译注.礼记（下）［M］.北京：中华书局，2017：1172.

理。国君尚且如此，更何况普通人？后世攫取不义之财者不可不深以为戒。

二是为学、为政方面持中庸之道。在为学方面，张廷玉告诫治学者要秉持中庸之道，不为立异而求新，方可避免褊狭浅薄。他认为"凡人好为翻案之论，好为翻案之文，是其胸襟褊浅处，即其学问偏僻处"[1]。在为政方面，孔子赞扬舜的执政之道蕴含着中庸的大智慧，"舜好问而好察迩言，隐恶而扬善，执其两端，用其中于民。"[2]正因为秉持中庸之道，舜才能够成就至德至功，被后世尊崇为一代圣王。孟子反对杨朱"拔一毛利天下"而不为的自私主张，也反对墨子"摩顶放踵利天下"而为之的兼爱思想，认为子莫的"执中"之道最佳。[3]颜之推认为，仕途之路也应保持"中庸"，他所处的南北朝时期，天下分崩离析，政权更迭频繁，颜之推多次见闻风云际会之间，富贵之人"旦执机权，夜填坑谷"的悲惨遭遇，所以他告诫子孙后代，"仕宦称泰，不过处在中品，前望五十人，后顾五十人"，如此方可免于耻辱倾危之祸，因为在时局动荡的年代，今日之富贵，明日就可能招致杀身灭族之祸，所以颜之推连用两个"慎之哉！"提醒后人仕途当守"中庸"之道。[4]

要行"中庸"之道，可在寡欲知足、常留余地、通达权变三个方面下一番狠功夫。

一、寡欲知足

老子曰："故知足不辱，知止不殆，可以长久。"[5]"故知足之足，恒足也。"[6]知足方可保持一颗平常之心，避免陷入偏执之念，进而做到不偏不倚、不过也无不及。魏徵在《谏太宗十思疏》中，第一思就是"见可欲则思知足以自戒"[7]。正所谓"敖不可长，欲不可从，志不可满，乐不可极"[8]，"富贵贫贱，总难称意，知足即为称意"[9]。因为人的欲望无穷无尽，只有少欲知足才能找到中庸的平衡点。"壁立千仞，无欲则刚"。如果贪欲无度，就很难坚持不偏不倚的中庸之道。所以孔子评价申枨："枨也欲，焉得刚？"[10]欲望太多，就难以用刚毅不屈的态度保持中立，必然会产生失之偏颇的问题。

1　张英，张廷玉著.张舒，丛伟注.陈明审校.父子宰相家训［M］.北京：新星出版社，2015：117.
2　胡平生，张萌译注.礼记（下）［M］.北京：中华书局，2017：1010.
3　杨伯峻译注.孟子译注［M］.北京：中华书局，2010：289.
4　檀作文译注.颜氏家训［M］.北京：中华书局，2011：199.
5　高明撰.帛书老子校注［M］.北京：中华书局，1996.05：40.
6　高明撰.帛书老子校注［M］.北京：中华书局，1996.05：49.
7　骈宇骞译注.贞观政要［M］.北京：中华书局，2011.03：18.
8　檀作文译注.曾国藩家书（上）［M］.北京：中华书局，2017.04：2.
9　张英，张廷玉著.张舒，丛伟注.陈明审校.父子宰相家训［M］.北京：新星出版社，2015：7.
10　杨伯峻译注.论语译注（简体字本）［M］.北京：中华书局，2017：65.

纵欲无度容易招致困辱灾殃，也不利于养生养心。首先，纵欲无度容易招致困辱灾殃。袁采指出，"人惟纵欲，则争端启而狱讼兴"[1]。王昶认为，"览往事之成败，察将来之吉凶，未有干名要利，欲而不厌，而能保世持家，永全福禄者也"。如果"知进而不知退，知欲而不知足"[2]，不仅容易招惹官司，还可能招致灾殃。所以，对于饮食、男女、财利之欲都应以礼节制，以平常心对待，以免偏离中庸之道，引发不测之灾。其次，纵欲无度不利养心养生。孟子认为，"养心莫善于寡欲"[3]。曾国藩也赞同古人"惩忿窒欲"的养生要诀。[4]惩忿，即少恼怒；窒欲，即知节啬。类似因好名、好胜而用心太多，就是欲望不知节啬的表现，对于养心养生就十分不利。

如何做到寡欲呢？颜之推告诫子孙："人生衣趣以覆寒露，食趣以塞饥乏耳。形骸之内，尚不得奢靡，己身之外，而欲穷骄泰邪？"因此，他设定了一个二十口之家的衣食住行标准，当超过标准时，就"以义散之"，达不到这个标准时，也不允许"非道求之"。希望以设定的理想"中庸"标准，督促子孙后代寡欲行义。[5]袁采认为，实现寡欲最好的方法是"不见可欲，使民不乱"[6]。因为"食色，性也"，"盖人见美食而必咽，见美色而必凝视，见钱财而必起欲得之心，苟非有定力者，皆不免此"。因此，不如从源头上杜绝这些可欲之物，眼不见则心无念，心无念则欲不生，欲不生则不会偏执，从而常保中庸之道。

如何做到知足呢？一是看透不知足的风险。范仲淹历经宦海风波，得出一条宝贵经验，即"惟能忍穷，方得免祸"。他告诫子侄要知足知止，"京师少往还，凡见利处，便须思患"[7]。二是参悟"所足在内，不由于外"的道理。人的满足不是来自外物，而是来自内心的感受。如果以仁义为富贵，行仁义而心灵得到满足，那么"虽十旬九餐，不能令饥，业席三属，不能为寒"[8]。可见，知足是一种心灵的状态，追求功名富贵等外物，并不一定实现内心的满足，即使一时感到满足，一旦外物丧失，心灵又将重归空虚孤寂。曾国藩对此看得非常通透，他在

1　袁采，朱柏庐著. 陈延斌，陈姝瑾译注. 袁氏世范 朱子家训［M］. 南京：江苏人民出版社，2019：156.
2　诸葛亮，范仲淹著. 余进江选编译注. 历代家训名篇译注［M］. 上海：上海古籍出版社，2020：45.
3　杨伯峻译注. 孟子译注［M］. 北京：中华书局，2010：315.
4　檀作文译注. 曾国藩家训［M］. 北京：中华书局，2020：375.
5　檀作文译注. 颜氏家训［M］. 北京：中华书局，2011：198.
6　袁采，朱柏庐著. 陈延斌，陈姝瑾译注. 袁氏世范 朱子家训［M］. 南京：江苏人民出版社，2019：158.
7　诸葛亮，范仲淹著. 余进江选编译注. 历代家训名篇译注［M］. 上海：上海古籍出版社，2020：189.
8　诸葛亮，范仲淹著. 余进江选编译注. 历代家训名篇译注［M］. 上海：上海古籍出版社，2020：114.

家书中告诫夫人："居官不过偶然之事，居家乃是长久之计。能从勤俭耕读上做出好规模，虽一旦罢官，尚不失为兴旺气象。若贪图衙门之热闹，不立家乡之基业，则罢官之后，便觉气象萧索。凡有盛必有衰，不可不预为之计。"他叮嘱夫人教育家中子孙妇女，要"常常作家中无官之想"，以此来寡欲省事，培养谦恭省俭的家风，以保家族福泽绵长。[1]可谓深谋远虑，得中庸之要领也。

反观当世追名逐利之辈，对金钱、名声、官位等外物贪欲无度。为追求暴利，罔顾食品安全，生产有毒奶粉、有害食品者有之；罔顾生命安全，违法采矿、违章操作、污染环境者有之；罔顾国家安全，泄露国家机密、损害国家利益者有之。为追求名声，罔顾科研诚信，学术造假、剽窃抄袭者有之；罔顾公理正义，歪曲事实、遮掩己过者有之。为追求官位，罔顾政治规矩，违反组织原则、搞小团体者有之；罔顾党纪国法，行贿受贿、拉票贿选者有之。最终，金钱、名声、官位不一定能够得到满足，身败名裂、身陷囹圄甚至惨遭刑戮的后果却纷至沓来。又或者一时得到满足，但这些外物一旦失去，内心必将陷入更大的空虚。如上种种背离中庸之道者，恰是张英所谓的"庸人"，这类庸人"多求多欲，不循理，不安命。多求而不得则苦，多欲而不遂则苦，不循理则行多窒碍而苦，不安命则意多怨望而苦"[2]。往往是长期恐惧不安，但又心存侥幸，冒险行事，就像穿着破旧的衣服行走在荆棘丛中，时时牵挂恐惧却又贸然前行，根本就不可能体会到行走在康衢坦途上的乐趣。如此一来，有何人生快乐幸福可言？又何以保身家性命？何以保家族福泽绵延？

二、常留余地

明代于慎行曰："求治不可太速；疾恶不可太严；革弊不可太尽；用人不可太骤；听言不可太轻；处己不可太峻。"[3]认为修身、为人、处世皆须留余地。一是要为自己留余地。张廷玉以饮酒为喻，"能饮十杯，只饮八杯，则其量宽然后有余；若饮十五杯，则不能胜矣"。他告诫子孙："人之精神力量，必使有余于事而后不为事所苦。"[4]留余地则有转圜空间，进而在转圜之中达至中庸的动态平衡，避免陷入无可挽回的局促窘迫之境。颜之推以生活中的事例，精辟阐述了留余地的重要性，"人足所履，不过数寸，然而咫尺之途，必颠蹶于崖岸，拱把之梁，

1　檀作文译注.曾国藩家训［M］.北京：中华书局，2020：453.
2　张英、张廷玉著.张舒，丛伟注.陈明审校.父子宰相家训［M］.北京：新星出版社，2015：5-6.
3　张英、张廷玉著.张舒，丛伟注.陈明审校.父子宰相家训［M］.北京：新星出版社，2015：152.
4　张英、张廷玉著.张舒，丛伟注.陈明审校.父子宰相家训［M］.北京：新星出版社，2015：107.

每沉溺于川谷者，何哉？为其旁无余地故也"。他告诫子孙，最真诚的话人们不相信，最高洁的行为人们反而怀疑，究其原因，"皆由言行声名，无余地也"[1]。只有言行预留余地，才能做到有诺必践，行而有信，也才会获得人们的信任。言行不留余地，偏离中庸之道，甚至超出自己能力范围，那么就会产生言而无信、行而无恒的问题，最终丧失信用和名誉。二是要为他人留余地。袁采告诫子孙，对于"詈人而人不答者""讼人而人不校者"，万不可存有"人之畏我"的心态，毫无底线地辱之、攻之，一旦不为他人留余地，就可能招致对方的猛烈反击，产生"口噤而不能出言""理亏而不能逃罪"的不利后果。[2]

三、通权达变

孟子曰："执中无权，犹执一也。所恶执一者，为其贼道也，举一而废百也。"[3]中庸是一种动态的平衡状态，要保持中庸就必须做到通权达变，如果没有灵活性，不懂得变通，最终只能抓住一点而放弃其余，就难以维持中庸的平衡状态。所谓"啬于此则丰于彼，理有乘除，事无兼美"。譬如对于人生趋避之事，就要根据事态而灵活掌握，"尽有不必趋之利，尽有不必避之害"，"小人固不当取怨于他，至于大节目，亦不可诡随，得失荣辱，不必太认真"，只有在坚持立身处世基本原则的基础上，做到通权达变，才能处变不惊，从容自若。张英以某言官在位不谏，碌碌无为，最终却因他事被流放的事例，说明在事业发展中不可执着于四平八稳的伪"中庸"，而要根据自身情况和所处环境通权达变，只有这样，才能"一旦遇大节所关，亦不至专计利害犯名义矣"[4]。

第九节　反思

子曰："见贤思齐焉，见不贤而内自省也。"[5]"内省不疚，夫何忧何惧？"[6]孟子曰："行有不得者皆反求诸己，其身正而天下归之。"[7]可见，反思是孔子、孟子提倡的君子之行，也是历代贤达的奋斗之方。

1　檀作文译注.颜氏家训［M］.北京：中华书局，2011：170.
2　袁采，朱柏庐著.陈延斌，陈姝瑾译注.袁氏世范 朱子家训［M］.南京：江苏人民出版社，2019：139-140.
3　杨伯峻译注.孟子译注［M］.北京：中华书局，2010：289.
4　张英，张廷玉著.张舒，丛伟注.陈明审校.父子宰相家训［M］.北京：新星出版社，2015：88-90.
5　杨伯峻译注.论语译注（简体字本）［M］.北京：中华书局，2017：55.
6　杨伯峻译注.论语译注（简体字本）［M］.北京：中华书局，2017：176.
7　杨伯峻译注.孟子译注［M］.北京：中华书局，2010：152.

为何要反思呢？一是为完善德行。袁采指出："人之德性出于天资者，各有所偏。君子知其有所偏，故以其所习为而补之，则为全德之人。常人不自知其偏，以其所偏而直情径行，故多失。"[1]要成为全德之人，就要以其所习补偏，但补偏的前提是要知道偏在何处，唯有自我反思、反求诸己，才可能准确发现问题，明确所习的内容，进而德业日增。二是为免于耻辱。"勉人为善，谏人为恶，固是美事，先须自省。"[2]因为"正人先正己"，如果未经反思就去劝谏他人，自己的德行却不足以为人榜样，那么不但无法劝谏成功，反而会招致鄙夷和耻笑。

反思的内容有哪些？曾子每日反思三件事："为人谋而不忠乎？与朋友交而不信乎？传不习乎？"[3]孟子有"三必反"："爱人不亲，反其仁；治人不治，反其智；礼人不答，反其敬。"[4]魏徵为唐太宗列出了"十思"："见可欲则思知足以自戒，将有作则思知止以安人，念高危则思谦冲而自牧，惧满溢则思江海下百川，乐盘游则思三驱以为度，忧懈怠则思慎始而敬终，虑壅蔽则思虚心以纳下，想谗邪则思正身以黜恶，恩所加则思无因喜以谬赏，罚所及则思无因怒而滥刑。"[5]观之中华优秀传统家风，主要包含了反思富贵、反思孝悌、反思处世等三个方面的内容。

一、反思富贵

张英告诫子孙："人有非之责之者，遇之不以礼者，则平心和气，思所处之时势，彼之施于我者，应该如此，原非过当。"[6]在遭遇他人无礼责难行为时，首先应当反思所处形势，如若自己席丰履盛、富贵荣华，招致他人嫉妒贬损本就是必然之事；其次应当反思自己行为，如果并非十全十美，那么他人的指责也就无可厚非。

张英认为，富家子弟对稍有拂逆己意之人，"遂尔气填胸臆，奋不顾身"的举动十分不明智。他告诫子弟，应当平心静气地进行反思："我所得于天者已多，彼同生天壤，或系亲戚，或同里闬，而失意如此，我不让彼而彼顾肯让我乎？"经此反思，必然更加明白富贵者是"众射之的""群妒之媒"的道理，在心理上

1　袁采，朱柏庐著．陈延斌，陈姝瑾译注．袁氏世范 朱子家训［M］．南京：江苏人民出版社，2019：113.
2　袁采，朱柏庐著．陈延斌，陈姝瑾译注．袁氏世范 朱子家训［M］．南京：江苏人民出版社，2019：135.
3　杨伯峻译注．论语译注（简体字本）［M］．北京：中华书局，2017：4.
4　杨伯峻译注．孟子译注［M］．北京：中华书局，2010：152.
5　骈宇骞译注．贞观政要［M］．北京：中华书局，2011：18.
6　张英，张廷玉著．张舒，丛伟注．陈明审校．父子宰相家训［M］．北京：新星出版社，2015：176.

更为心平气和，在行为上更为恭敬谦逊，不仅可以了却心头烦恼，而且遭受他人横逆之举的情况也将大有好转，可谓一举两得。[1]

二、反思孝悌

颜延之认为，人际关系是相互影响的，"夫和之不备，或应以不和；犹信不足焉，必有不信"[2]。如果家人都能明白"恩意相生，情理相出"的道理，各自反思是否做到了父慈子孝、兄友弟恭，那么家家都能培养出曾参、高柴般的孝子，人人都能具备仲由、闵损般的孝行了。

一是子女要反思孝行。所谓"谁言寸草心，报得三春晖"[3]，父母对幼儿的抚养教育深恩难以言表。为人子女者，都应反思自己的孝行能否回报父母少小爱念抚育之恩，"凡人之不能尽孝道者，请观人之抚育婴孺，其情爱如何，终当自悟"[4]。

二是家庭成员要反思己过。袁采认为："贤者能自反，则无往而不善；不贤者不能自反，为人子则多怨，为人父则多暴。"父母子女关系不和，多为双方不能反思之过。一方面，针对"同母之子，而长者或为父母所憎，幼者或为父母所爱"的不公现象，父母子女均应反思己过，兄弟之间应当"长者宜少让，幼者宜自抑"，而父母"又须觉悟稍稍回转，不可任意而行，使长者怀怨而幼者纵欲，以致破家"[5]。另一方面，"人之父子，或不思各尽其道，而互相责备者，尤启不和之渐也。若各能反思，则无事矣"[6]。父子各自反思是否做到父慈子孝，就能避免无谓的责备和矛盾。

三、反思处世

"我心有不快，而以戾气加人，可乎？我事有未暇，而以缓人之急，可乎？"[7]这是张廷玉针对"己所不欲"却施之于人的现象，提出的反思质疑。所谓"礼人不答，反其敬。"时刻反思自己为人处世的态度，自然能够消弭无谓的争端和矛盾。袁采认为君子处世应当学会换位思考，"士大夫居家能思居官之时，则不至

1　张英、张廷玉著．张舒，丛伟注．陈明审校．父子宰相家训［M］.北京：新星出版社，2015：83-84.
2　诸葛亮、范仲淹著．余进江选编译注．历代家训名篇译注［M］.上海：上海古籍出版社，2020：83.
3　喻守真编著．唐诗三百首详析（简体本）［M］.北京：中华书局，2005：60.
4　袁采、朱柏庐著．陈延斌，陈妹瑾译注．袁氏世范 朱子家训［M］.南京：江苏人民出版社，2019：27.
5　袁采、朱柏庐著．陈延斌，陈妹瑾译注．袁氏世范 朱子家训［M］.南京：江苏人民出版社，2019：38-39.
6　袁采、朱柏庐著．陈延斌，陈妹瑾译注．袁氏世范 朱子家训［M］.南京：江苏人民出版社，2019：16.
7　张英、张廷玉著．张舒，丛伟注．陈明审校．父子宰相家训［M］.北京：新星出版社，2015：98.

干请把持而挠时政；居官能思居家之时，则不至很慢暴恣而贻人怨"[1]。指出那些赋闲在家的士大夫随意请托扰乱地方行政，是没有反思假如自己是当事官员，会何等难办的问题；而那些刚愎自用、暴力恣意的在任官员，是没有反思假如自己赋闲在家，遇到这样的地方官又将何等厌恶的问题。

第十节　力行

子曰："好学近乎知，力行近乎仁，知耻近乎勇。"[2]孔子认为践行这三条原则，就可以明悟修身、治人甚至治天下的大道。力行作为通晓大道的方法之一，历来受到先圣贤达的高度重视。而要实现"力行近乎仁"，就要掌握知行合一、力行以义、力行以勇等实践方法。

一、知行合一

"空谈误国，实干兴邦。"曾国藩多次告诫弟弟"以躬行为重""但弟须力行之，不可徒与兄辩驳见长耳"[3]，"譬如人欲进京，步不行，而在家空言进途亦何益哉？"[4]强调空谈无益，需以力行为重。荀子从言谈与力行匹配的角度将人分为国宝、国器、国用、国妖四类："口能言之，身能行之，国宝也；口不能言，身能行之，国器也。口能言之，身不能行，国用也。口善言，身行恶，国妖也。"并且告诫治国者要"敬其宝，爱其器，任其用，除其妖"[5]。可见，力行是判断一个人才能和善恶的重要标准。

子曰："诵《诗》三百，授之以政，不达；使于四方，不能专对；虽多，亦奚以为？"[6]子夏曰："贤贤易色；事父母，能竭其力；事君，能致其身；与朋友交，言而有信。虽曰未学，吾必谓之学矣。"[7]在知与行的辩证关系上，孔子和子夏的观点一致，都认为学习是为了力行，力行也是一种学习，如果不能学以致用，那么学就毫无意义，这也是王阳明"知行合一"理论的思想渊薮。王阳明针对后世之人将知与行截然分开的错误认识，提出"知行合一"的心学理论，他指出："君子之学，何尝离去事为而废论说？但其从事于事为论说者，要皆知行合一之

1　袁采，朱柏庐著．陈延斌，陈姝瑾译注．袁氏世范 朱子家训［M］．南京：江苏人民出版社，2019：148.
2　胡平生，张萌译注．礼记（下）［M］．北京：中华书局，2017：1023.
3　檀作文译注．曾国藩家书（上）［M］．北京：中华书局，2017：176.
4　檀作文译注．曾国藩家书（上）［M］．北京：中华书局，2017：316.
5　方勇，李波译注．荀子［M］．北京：中华书局，2011：446.
6　杨伯峻译注．论语译注（简体字本）［M］．北京：中华书局，2017：191.
7　杨伯峻译注．论语译注（简体字本）［M］．北京：中华书局，2017：6.

功，正所以致其本心之良知；而非若世之徒事口耳谈说以为知者，分知行为两事，而果有节目先后之可言也。"[1]认为君子的学问从来就没有离开过实践，但也没有离开过理论辨析，后世学者只把夸夸其谈当作认知，所以把认知和实践当作两件事情，并因此陷入"以为必先知了，然后能行"[2]的错误认识，导致无法把知与行统一起来。对此，王阳明告诫世人："未有知而不行者。知而不行，只是未知。"[3]这与孔臧"徒学知之未可多，履而行之乃足佳"[4]的论述，共同揭示出以力行探求真知，用真知指导力行，真知与力行并行并进的奋斗之方。

颜之推指出："夫所以读书学问，本欲开心明目，利于行耳。"[5]认为"士君子之处世，贵能有益于物耳，不徒高谈虚论，左琴右书，以费人君禄位也。"他对那些"品藻古今，若指诸掌，及有试用，多无所堪"的文学之士提出强烈批评，告诫子孙不仅要力学，还要力行，通过知行合一实现应世经务的目标。[6]

二、力行以义

子曰："君子之于天下也，无适也，无莫也，义之与比。"[7]力行以义，就是以义理为方，遵从向善向上、有益于世的行为原则。颜之推告诫子孙："佐饔得尝，佐斗得伤。"要求子孙后代积极参与做好事，切不可与他人结伙干伤天害理的坏事。"肠不可冷，腹不可热，当以仁义为节文尔。"颜之推主张，接济亲友应当辨明情况，根据道义决定是否接济，如果亲友确实因危难而陷入困境，那么"家财己力，当无所吝"，而如果有人图谋不轨，提出无理的请求，就应断然拒绝，切不可怜悯。[8]

三、力行以勇

力行要有孔子"明知不可为而为之"的勇气，没有迈开第一步的勇气，力行最终可能就会成为空想。

力行以勇要敢为天下先。每一次社会进步都是在先行者们勇敢的实践探索中实现的，没有神农尝百草，就没有护佑中华文明几千年的中医药事业；没有鲁班的创新探索，就没有中华建筑事业的奇迹；没有一次又一次的艰辛实践，就没有

1　王守仁撰．王晓昕译注．传习录译注［M］．北京：中华书局，2018：227.
2　王守仁撰．王晓昕译注．传习录译注［M］．北京：中华书局，2018：20.
3　王守仁撰．王晓昕译注．传习录译注［M］．北京：中华书局，2018：19.
4　诸葛亮，范仲淹著．余进江选编译注．历代家训名篇译注［M］．上海：上海古籍出版社，2020：1.
5　檀作文译注．颜氏家训［M］．北京：中华书局，2011：104.
6　檀作文译注．颜氏家训［M］．北京：中华书局，2011：178-179.
7　杨伯峻译注．论语译注（简体字本）［M］．北京：中华书局，2017：52.
8　檀作文译注．颜氏家训［M］．北京：中华书局，2011：191-192.

震惊世界的"四大发明";"实践是检验真理的唯一标准"的理论创新勇气,开启了改革开放的春天;"撸起袖子加油干"的豪迈情怀,则必将创造新时代的新辉煌。

力行以勇要敢于自我突破。每一次的个人成长,都离不开思想和行为上的突破。曾国藩反复鼓励弟弟和儿子树立力行的勇气,敢于突破思想障碍,勇于迈出实践的步伐。曾国藩嘱咐弟弟,学为诗古文"无论是否,且试拈笔为之"[1]。如果因为怕写不好就不敢尝试实践,那么年龄越大,怕羞的心理就越强,今后就更不能迈出力行的第一步,学问也就必然难以长进。他以同样的道理告诫儿子,作四书文、试帖诗、律赋、古今体诗、古文、骈体文都要一一试为之,强调"少年不可怕丑,须有狂者进取之趣。过时不试为之,则后此弥不肯为矣"[2]。

1　檀作文译注.曾国藩家书(上)[M].北京:中华书局,2017:250.
2　檀作文译注.曾国藩家训[M].北京:中华书局,2020:14.

参考文献

一、著作（75部）

[1]檀作文译注.颜氏家训[M].北京：中华书局，2011.

[2]袁采，朱柏庐著.陈延斌，陈姝瑾，译注.袁氏世范 朱子家训[M].南京：江苏人民出版社，2019.

[3]诸葛亮，范仲淹著.余进江选编译注.历代家训名篇译注[M].上海：上海古籍出版社，2020.

[4]张英，张廷玉著.张舒，丛伟注，陈明，父子宰相家训[M].审校.北京：新星出版社，2015.

[5]檀作文译注.曾国藩家书（上）[M].北京：中华书局，2017.

[6]檀作文译注.曾国藩家书（中）[M].北京：中华书局，2017.

[7]檀作文译注.曾国藩家书（下）[M].北京：中华书局，2017.

[8]檀作文译注.曾国藩家训[M].北京：中华书局，2020.

[9]黎庶昌，王定安，等.曾国藩年谱（附事略、荣哀录）[M].长沙：岳麓书社，2017.

[10]司马光著.郭海鹰译注.温公家范译注[M].上海：上海古籍出版社，2020.

[11]王阳明著.陈椰，林锋选编，译注.王阳明家训译注[M].上海：上海古籍出版社，2019.

[12]袁了凡著.林志鹏，华国栋译注.训儿俗说译注[M].上海：上海古籍出版社，2019.

[13]王弼，韩康伯注.孔颖达等正义.周易正义[M].北京：中国致公出版社，2009.

[14]朱熹撰.周易本义[M].北京：中华书局，2009.

[15]程颐撰，王孝鱼点校.周易程氏传[M].北京：中华书局，2011.

[16]金景芳，吕绍纲著.周易全解（修订本）[M].上海：上海古籍出版社2017.

［17］杨天才，张善文译注．周易［M］.北京：中华书局，2011.

［18］徐正英，常佩雨译注．周礼（上）［M］.北京：中华书局，2014.

［19］胡平生，张萌译注．礼记（上）［M］.北京：中华书局，2017.

［20］胡平生，张萌译注．礼记（下）［M］.北京：中华书局，2017.

［21］王秀梅译注．诗经（下）［M］.北京：中华书局，2015.

［22］韩婴撰，许维遹校释．韩诗外传集释［M］.北京：中华书局，1980.

［23］韩婴撰，许维遹校释．韩诗外传集释［M］.北京：中华书局，2020.

［24］屈万里著．尚书集释［M］.上海：中西书局，2014.

［25］胡平生译注．孝经译注［M］.北京：中华书局，1996.

［26］缪文远，缪伟，罗永莲译注．战国策（下）［M］.北京：中华书局，2012.

［27］朱熹撰．四书章句集注［M］.北京：中华书局，2012.

［28］高明撰．帛书老子校注［M］.北京：中华书局，1996.

［29］王卡点校．老子道德经河上公章句［M］.北京：中华书局，1993.

［30］杨伯峻译注．论语译注（简体字本）［M］.北京：中华书局，2017.

［31］王国轩，王秀梅译注．孔子家语［M］.北京：中华书局，2011.

［32］杨伯峻译注．孟子译注［M］.北京：中华书局，2010.

［33］陈鼓应译注．庄子今注今译（最新修订重排本·下）［M］.北京：中华书局，2009.

［34］方勇译注．庄子［M］.北京：中华书局，2015.

［35］方勇，李波译注．荀子［M］.北京：中华书局，2011.

［36］韩非著，陈奇猷校注．韩非子新校注（上册）［M］.上海：上海古籍出版社，2000.

［37］方勇译注．墨子［M］.北京：中华书局，2015.

［38］叶蓓卿译注．列子［M］.北京：中华书局，2015.

［39］李山，轩新丽译注．管子（上）［M］.北京：中华书局，2019.

［40］刘安著，陈广忠译注．淮南子译注（上册）［M］.上海：上海古籍出版社，2017.

［41］郭丹，程小青，李彬源译注．左传［M］.［M］.北京：中华书局，2012.

［42］司马迁撰，裴骃集解，司马贞索隐，张守节正义．史记（二）［M］.北京：中华书局，2011.

［43］司马迁撰，裴骃集解，司马贞索隐，张守节正义.史记（三）［M］.北京：中华书局，2011.

［44］司马光编著，胡三省注.资治通鉴（二）［M］.北京：中华书局，2013.

［45］班固撰，颜师古注.汉书（第一册）［M］.北京：中华书局，1962.

［46］班固撰，颜师古注.汉书（第四册）［M］.北京：中华书局，1962.

［47］班固撰，颜师古注.汉书（第七册）［M］.北京：中华书局，1962.

［48］范晔撰.后汉书［M］.北京：中华书局，2007.

［49］范晔撰，李贤等注.后汉书（六）［M］.北京：中华书局，1970.

［50］刘向撰，绿净译注.古列女传译注［M］.上海：上海三联书店，2018.

［51］骈宇骞译注.贞观政要［M］.北京：中华书局，2011.

［52］斯大林著，中共中央马克思恩格斯列宁斯大林著作编译局编.斯大林选集（上卷）［M］.北京：人民出版社，1979.

［53］习近平著.论党的宣传思想工作［M］.北京：中央文献出版社，2020.

［54］习近平著.习近平谈治国理政（第1卷）［M］.北京：外文出版社，2018.

［55］习近平著.习近平谈治国理政（第2卷）［M］.北京：外文出版社，2017.

［56］习近平著.习近平谈治国理政（第3卷）［M］.北京：外文出版社，2020.

［57］中共中央党史和文献研究院编.习近平关于注重家庭家教家风建设论述摘编［M］.北京：中央文献出版社，2021.

［58］中共中央 国务院关于做好2022年全面推进乡村振兴重点工作的意见［M］.北京：人民出版社，2022.

［59］许慎撰，徐铉校定，愚若注音.注音版说文解字［M］.北京：中华书局，2015.

［60］汤可敬译注.说文解字（二）［M］.北京：中华书局，2018.

［61］刘熙撰.释名［M］.北京：中华书局，2016.

［62］成敏译注.小窗幽记［M］.北京：中华书局，2016.

［63］张德建译注.围炉夜话［M］.北京：中华书局，2016.

［64］杨春俏译注.菜根谭［M］.北京：中华书局，2016.

［65］中华书局经典教育研究中心编.增广贤文 格言联璧（诵读本）［M］.北京：中华书局，2014.

［66］马天祥译注.格言联璧［M］.北京：中华书局，2020.

［67］李逸安译注 . 三字经 百家姓 千字文 弟子规［M］. 北京：中华书局，2019.

［68］黄晖著 . 论衡校释（上）［M］. 北京：中华书局，2018.

［69］王守仁撰，王晓昕译注 . 传习录译注［M］. 北京：中华书局，2018.

［70］鸠摩罗什等著 . 佛教十三经［M］. 北京：中华书局，2010.

［71］姚春鹏译注 . 黄帝内经（上·素问）［M］. 北京：中华书局，2010.

［72］曹雪芹，高鹗著，启功等整理 . 红楼梦［M］. 北京：中华书局，2005.

［73］吴正裕主编，李捷，陈晋副主编 . 毛泽东诗词全编鉴赏（增订本）［M］. 北京：人民文学出版社，2017.

［74］喻守真编著 . 唐诗三百首详析（简体本）［M］. 北京：中华书局，2005.

［75］李商隐著，朱鹤龄笺注，田松青点校 . 李商隐诗集［M］. 上海：上海古籍出版社出版，2015.

二、期刊及报纸文章（9 篇）

［1］习近平 . 关于坚持和发展中国特色社会主义的几个问题［J］. 求是，2019(7): 4-12.

［2］习近平 . 以史为鉴、开创未来 埋头苦干、勇毅前行［J］. 求是，2022(1): 4-15.

［3］习近平 . 在 2015 年春节团拜会上的讲话［N］. 人民日报，2015-02-18(2).

［4］习近平 . 在 2018 年春节团拜会上的讲话［N］. 人民日报，2018-02-15(2).

［5］张建伟，李继明 .《论语》中的中医养生思想［J］. 成都中医药大学学报，2009，32(4): 4-16.

［6］赵惠锁 . 谈奋斗精神［J］. 思想政治课教学，2013(6): 7-8.

［7］曾艳兵 . "文化"是什么［J］. 世界文化，2007(8).

［8］李德顺 . 文化是什么？［J］. 文化软实力研究，2016，1(4): 11-18.

［9］穆士虎 . 中国古代"尊崇"孝悌伦理文化考释——基于古汉字字形、字义内涵为视角［J］. 安顺学院学报，2015，17(5): 30-32.